森林报·冬

[苏]比安基／著　李菲／编译

内蒙古出版集团
内蒙古文化出版社

图书在版编目（CIP）数据

森林报·冬 /（苏）比安基著；李菲编译. —呼伦贝尔：内蒙古文化出版社，2012.7

ISBN 978-7-5521-0085-3

Ⅰ．①森…　Ⅱ．①比…②李…　Ⅲ．①森林–普及读物

Ⅳ．① S7-49

中国版本图书馆 CIP 数据核字（2012）第 171134 号

森林报·冬

（苏）比安基　著

责任编辑：姜继飞

出版发行：内蒙古文化出版社

地　　址：呼伦贝尔市海拉尔区河东新春街4付3号

直销热线：0470-8241422　　**邮编：**021008

印　　刷：三河市同力彩印有限公司

开　　本：787mm×1092mm　　1/16

字　　数：200千

印　　张：10

版　　次：2012年10月第1版

印　　次：2021年6月第2次印刷

印　　数：5001-6000

书　　号：ISBN 978-7-5521-0085-3

定　　价：35.80元

阅读说明书

虽说《森林报》的名字带了一个"报"字，但是却不是一般意义上的报纸，因为它报道的是森林的事，森林里飞禽走兽和昆虫的事。

不要以为只有人类才有很多新闻，其实，森林里的新闻一点儿也不比城市里少。那里也有它的悲喜事，那里有自己的英雄、强盗和叛徒，那里有自己的音乐会，有自己的声音，有自己的战争，那里也有几家欢喜几家愁。

比如，严冬里，就在列宁格勒省，有一种没长翅膀的小虫从土里钻出来，光着小脚丫在雪地上跑；还有林中大汉驼鹿打群架、候鸟南迁、秧鸡徒步走欧洲的有趣旅程……这些你都知道吗？你在报纸上看到过吗？

本书作者是苏联的著名科普作家维·比安基。比安基的文笔优美，擅长描写动植物生活，笔调轻快。在他的笔下，森林中一年的12个月，层次分明、错落有致、类别清晰地展现在我们面前。在这里，你能看到栩栩如生的动物和植物，你能看到优美的风景，你能学到该如何观察大自然、该如何保护大自然。

本书是《森林报》的收官之作——冬。冬天，天寒地冻，黑夜渐长，白夜渐消。对于生命来说，这是一段艰难时期。万物停止生长发育，一些生物还进入了冬眠。但是，通讯员告诉我们，这一切只是表象，在一片静谧中，植物留下了种子，动物产了卵。生命，还将继续……

维·比安基是苏联著名儿童科普作家和儿童文学家。他一生中的大部分时间都是在森林中度过的。在他三十多年的创作生涯中，他写下了大量的科普作品、童话和小说，其代表作有《森林报》《少年哥伦布》《写在雪地上的书》等。

只有熟悉大自然的人，才会热爱大自然。

1894年，维·比安基出生在一个养着许多飞禽走兽的家庭里。他的父亲是俄国著名的自然科学家。他从小就喜欢到科学院动物博物馆去看标本，跟随父亲上山打猎，跟家人到郊外、乡村或海边去住。在那里，父亲教会他怎样根据飞行的模样识别鸟儿，怎样根据脚印识别野兽……更重要的是教会他怎样观察、积累和记录大自然的全部印象。

27岁时，比安基已记下一大堆日记，他决心要用艺术的语言，让那些奇妙、美丽、珍奇的小动物永远活在他的书里。

作为他的代表作，《森林报》自1927年出版后，连续再版，深受青少年朋友的喜爱。

1959年，比安基因脑溢血逝世。

目 录

目 录

目 录

森林报·冬

小路初白月

12月21日到1月20日 太阳走进摩羯宫

（冬季第1月）

No.10

一年：
12个月的太阳诗篇

——12月

　　12月——天寒地冻。12月铺冰板，12月钉银钉，12月冰封大地。12月是一年的结束，却是冬季的开始。

　　水的工作结束了，汹涌的河水被冻成了冰。大地和森林也披上了雪被，太阳偷偷躲到了乌云后。白昼越来越短，黑夜却越来越长。

　　茫茫白雪下，掩埋了多少尸体啊！一年生的植物按期生长，它们开花、结果、枯萎，再重新投入大地的怀抱，那里曾是它们的出生地。一年生动物——无脊椎小动物——也按期走过了它们的一生，化为灰烬。

　　但是，植物留下了种子，动物产了卵。到了固定的日期，太阳就会像童话《睡美人》中那位王子一样用吻来唤醒生命。至于那些多年生的动植物，它们自然都有办法保护自己的生命，度过漫长而寒冷的冬季，等待春

天的再次来临。现在，冬天还没有发全力，太阳的诞辰——12月23日——却已临近了。

太阳就要回来了。当它回来时，即是生命复活时。

但无论怎样，还是要先熬过冬季。

冬 书

名家导读

"冬书"是一本什么样的书？难道冬天也会写字吗？在这一章里，作者将给我们介绍这样一本雪白的书。在这本冬书上留下字迹的不是我们人类，也不是什么印刷机，而是森林里的动物们。如果想读懂这本冬书，你就要仔细观察、学习、对比。

大地披上了厚厚的雪白的冬装。现在，田野和林中空地就像是一本摊开书页的雪白的大书：平整，没有一丝褶皱；干净，没有一个字。如果有人从这书页上走过，准会留下一行"某某到此一游"的痕迹。

白天下了一场雪，雪停后，书页就又会变得平整而干净了。

早晨，当你出来走走时，就会发现，那些洁白的书页上，不知什么时候印上了些神秘符号：逗号、冒号、点号。这说明，昨夜一定有各种林中居民来过这里，也许它们在这里走来走去，也许它们在这里蹦蹦跳跳，反正是在这里干了些什么事。

那么，到底是谁来过这里？它们又干了些什么呢？

快点儿研究这些难懂的符号，快点儿读出这些神秘的字符吧！要不，等另外一场大雪降临，这里就又会翻过一页，又是一页平整、干净的书页了。

怎样读冬书

在这本冬书里，每位林中居民都过来签了字，各有各的笔迹和符号。如果是人来读这本冬书，那肯定是要用眼睛来研究这些符号。当然，不用眼睛可怎么读呀？

但是，动物就会用鼻子读。比如说狗，狗用鼻子闻闻冬书上的符号，就会读出"这里有狼来过"或是"一只兔子刚从这儿经过"这样的字。

动物的鼻子可是很有学问的，它们绝对不会读错的。

用什么写

当然，动物大多时候都是用脚写字。有的是用五个脚趾写，有的是用四个脚趾写，还有的是用蹄子写。有时候，它们连脚都不用，就用尾巴呀、鼻子呀、肚皮呀什么的来签字。

鸟儿最常用的就是爪子和尾巴。当然，还有用翅膀写字的。

普通的信和狡猾的信

我们的森林通讯员现在已经掌握了阅读这本冬书的技巧，从这本书里他们能读出森林中的各种大事小情。要掌握这种技巧可不容易。这些林中居民可不是都规规矩矩地用楷书写字，它们在签名时总喜欢耍耍花招。

不过，灰鼠的字还是比较好认的，它的签名很容易就能辨认出来。当它在雪地上蹦跳着前进时，就像是玩跳背游戏似的。跳的时候，它用短短的前脚撑地，长长的后脚向前伸出老远，然后大大地叉开。这样它每次跳跃时都能跳得很远。而且，灰鼠的前脚印很小，两个圆点排在一起；后脚印却是长长的，离得很开，

阅读理解
巧设悬念，以吸引读者的兴趣，让大家都来看看动物们都有哪些花招。

就像两只小手伸出细长的手指一样。

老鼠的字迹很小，也比较简单，很容易辨认。当它从雪底钻出来的时候，总是先绕个圈子，然后再往要去的方向一直跑，或者返回自己的洞里。所以，当老鼠跑过时，雪地上就会留下一长串的冒号，而且冒号之间的距离是相等的。

鸟类的笔迹也很容易辨认。就拿喜鹊来说吧：喜鹊的前三个脚趾头会在雪地上留下一个小小的"十"字，后面的第四个脚趾头则会留下一个短短的破折号。当它把翅膀也用上时，就会留下类似手指印似的痕迹。有时候，它免不了也会用那参差不齐的长尾巴在雪地上留下一笔。

上面说的这些签字倒还老老实实、规规矩矩，让人一眼就能看出。可是，如果让狐狸和狼来这里签字，那就糟糕了。你过来认认看，要是你对它们的书法不熟悉的话，准会被它们弄糊涂。

尼·巴甫洛娃

阅读理解
此前一直介绍笔迹好认的动物，突然笔锋一转，引出狐狸和狼不易辨认的签字，能更吸引读者。

小狗和狐狸，大狗和狼

狐狸的脚印和小狗的脚印很像，区别在于：狐狸总喜欢缩起脚掌，并作一团，把脚趾头并得很拢；小狗的脚指头就不是这样了，它们的脚趾头是张开的，因此踩到地上时，脚印没有狐狸的那么深，要浅一些，踩得没有那么实。

狼的脚印则和大狗的脚印很像，它们也是只有那么一点儿区别：狼在走路时，脚掌的两边会向里缩拢，因此，狼的脚印要比狗的窄一些，长一些，看起来更秀气一些；狼的脚爪和脚掌上那几块小肉疙瘩，在雪地上踩得要更实一些，印得更深一些，狗脚掌印的趾头上的那些小肉疙瘩是并合在一起的；狼脚掌印的前爪印和后爪印之间的距离，比狗脚掌印之间的距离要大一些。狼脚

掌印的前爪印会在雪地上合在一起。

下图有三种脚印，分别是狐狸脚印、狗脚印和狼脚印，请比较一下。

那一行行狼的脚印，很难区分、辨别。这是因为狼比较狡猾，喜欢耍花招，总会故意搅乱自己的脚印，让人猜不出来。狐狸也常常用这一招。

狼的花招

阅读理解

运用比喻来说明狼的脚印之直，更加形象、生动。

当狼向前走或一路小跑时，右后脚总是能丝毫不差地踩进左前脚的脚印里，左后脚也能分毫不差地踩进右前脚的脚印里。因此，狼的脚印总是一长条的直线，就好像有绳子系着一样，然后它沿着绳子走或跑的。

当你看到这样一行脚印时，你可能会读道："有一只身体壮实的狼曾经经过这里。"如果你真的这样读，那就错了。你应该这样读："这里曾经走过五只狼。最前面的是一只聪明的母狼，后面跟着的是一只年老的公狼，再往后是三只小狼。"

当几只狼一起走的时候，走在后面的狼总是会踩着前面那只狼的脚印走或跑，而且位置总是非常精准。人们看了，绝对想象不出来，这会是五只狼留下的脚印。所以，一定得好好提高自己的眼力，才能成为一个善于凭借脚印追踪猎物的好猎人。

树木怎样过冬

冬天树木会不会被冻死？答案是肯定的，当然会被冻死。

如果一棵树从里到外都被冻透了，那肯定就会冻死了。在我们国家，这样的事经常会发生。如果冬天特别冷，雪又下得少，很多树就会被冻死——其中，被冻死的大多是小树。幸好，树木们都有自己的防寒妙招，它们自有办法使寒气不渗入到自己的身体内部去，否则，所有的树木在冬天都会被冻死。

在吸收营养、生长发育、传宗接代中，树木都需要消耗大量的能量。整个夏天，树木都在不断生长，积蓄能量。到了冬天，它们就停止生长，也不再吸收营养，不再繁殖后代，开始进入沉沉的睡眠。

由于树叶的呼吸会释放大量的热，因此到了冬天，它们就不再需要树叶了。树木抖落满身树叶，就是为了保存热量。要知道，热量可是维持生命不可缺少的。而且，从树上脱落的树叶，会聚集在树木周围，腐烂后，它们也会产生热量，从而保护地下娇嫩的树根不被冻伤。

另外。每棵树还有一套天然甲胄，可以保护树木活的"皮肉"不受寒气的侵袭。每年夏天，树木都会在树干和树枝的皮下储存一些木栓组织——死的间层。由于木栓既不透水，也不透空气，因此空气会停滞在木栓里面，阻挡树木里的热量向外散发。随着树木年龄的增长，它们的木栓层也越来越厚。所以，那些老树、粗树的抗寒能力要比枝嫩干细的树木强得多。

阅读理解
运用设问手法，引起读者注意，引发读者思考。

阅读理解
这就是树木的蒸腾作用。

当然，树木不光只有这层木栓甲胄。如果某年冬天特别寒冷，严寒把木栓甲胄也穿透了，那么它会在植物体内遇到一道严密的化学防线。冬天以前，树木会在树液里积蓄起各种盐类和可变为糖类的淀粉。盐类和糖类混合在一起的溶液可是会产生很强的抗寒能力的。

不过，对于树木来说，最好的防寒设备还不是这些，而是松软的雪被。大家知道，细心的园丁们会把那些怕冷的娇弱的小果树故意弯到地上，然后用雪把它们埋起来，这样小果树们就不会冷了。在多雪的冬天，雪一层层堆积起来，像一条鸭绒被一样，把树木牢牢地裹了起来。这样，不管天气怎么寒冷，树木也不会害怕了。

不管严冬怎样残暴，我们北方的森林也不会被冻死。我们的"森林王子"会想出一切方法来抵御寒冷的袭击。

雪底下的牧场

广袤的大地上一片银白。一想到大地上除了厚厚的积雪，什么也没有，到处都是光秃秃的，花儿枯萎，草儿凋零，你是不是会感到闷闷不乐，再也高兴不起来呢？

每到此时，人们总会自我安慰道："唉，就这样吧。大自然就是这样，四季轮回。"

可惜呀，我们对大自然的了解实在是太少了。

今天是个好大气，天空晴朗。趁着这个好天气，我蹬上滑雪板，滑到了我的小牧场。我要来把这块小试验场上的积雪清除掉。

积雪很快就被清除干净了。正月里，阳光照

耀着牧场上的花花草草。它照亮了那一簇簇紧贴
在冰冻地面上的小绿叶，照亮了从枯草皮下探出头
来的新鲜的小尖叶，照亮了被积雪深压在底下的各种小
绿草。

就在这些植物里，我找到了一棵曾经见过的毛茛。当冬天到来时，它一直在开花。现在，在积雪下，它所有的花朵和花蕾都被雪被保护着，它就在那里静静地等待着春天的到来，甚至于，它的花瓣都没有凋落。

我这块小小的试验场上究竟有多少种植物，你们知道吗？这里一共有62种植物呢。现在，这里就有36种是绿色的，还有5种正开着花。

那么，你还会说正月里我们的牧场上没有花，也没有草吗？

尼·巴甫洛娃

 名家点拨

厚厚的白雪将整个大地变成了一本银白的冬书。关于这本冬书上的一切，作者都向我们做了介绍——如何书写、如何阅读。这里重点介绍了几种动物笔迹的对比。而对于树木的过冬方式，作者也向我们做了详尽介绍。最后，作者介绍了雪底下的小牧场。

森林中的大事

名家导读

初冬季节，森林里都有什么大事发生呢？粗心的小狐狸错把鹈鸰当成了老鼠，结果嘴巴里全是臭味；狐猾的獾留下来一串可怕的脚印；鸟儿竟然会在雪底下；雪也会爆炸；雪海里都有什么新奇事儿？从这一章里，你都可以找到答案。

这里发生的几件林中大事，都是我们的森林通讯员通过脚印看出来的。

不求甚解的小狐狸

在林中空地上，小狐狸看到了老鼠留下的几行脚印。

"哈哈！"它想，"这下我要有东西吃啦！"

可是，这个小狐狸太粗心了，它都没用鼻子好好"读读"这些字，好知道刚才到底是谁从这儿经过。它只匆匆忙忙看了一眼就断定：哦，脚印是到灌木丛那里的。

于是，它蹑手蹑脚地向灌木丛走去。

小狐狸看见雪里有个小东西在蠕动，那东西长着一身灰不溜秋的毛皮，还有一根小尾巴。小狐狸上前一把抓住小东西，喀吱就是一口。

呸！呸！呸！什么臭玩意儿，恶心死了！小狐狸赶忙把小东西吐出来，跑到一边去吃了几口雪漱口，那味道简直太难闻了。

唉，小狐狸的早饭就这样泡汤了，不但没吃到东西，倒白白咬死了一只小兽。

原来，那根本不是什么老鼠，而是一只鼩鼱（qū jīng）。

从远处看，鼩鼱很像老鼠，可是近看时一眼就能分辨出来，因为它的嘴脸是长长地戳出来的，脊背也高高地弓起来。鼩鼱吃虫子，和田鼠、刺猬是近亲。只要是有那么点儿经验的野兽，都知道鼩鼱身上有一种类似麝香的味道，吃到嘴里臭得很，所以都不会去碰它。

可怕的脚印

我们的森林通讯员在树下发现了一种脚印，这种脚印很长，看了叫人有点害怕。其实，脚印本身并不大，就和狐狸脚印差不多，可是这脚印又长又直，就像一根根钉子似的钉在地上。要是谁的肚皮被这样的脚爪抓到了，那肚肠肯定都会被掏出来。

通讯员小心翼翼地沿着脚印往前走。他们走到了一个大洞前，洞口的雪地上散落着一些细毛。通讯员仔细研究了一下这些细毛，细毛直直的，很硬，有弹力，颜色是尖上带点儿黑的白色，这种毛常被人们拿来做毛笔。

看到这里，他们马上明白了：原来，在这洞里居住的是獾。獾是个阴险狡猾的家伙。不过，它并不可怕。也许，它只是觉得天气暖和了，雪化了，就出来溜达溜达。

雪底下的鸟群

兔子在沼泽上来回奔跑、跳跃着。它从这

阅读理解
运用比喻将这种
脚印的锋利生动
地刻画出来。

个草墩跳到那个草墩上，又从那个草墩跳到另一个草墩上，就这样来回在草墩上跳。忽然，"扑通"一声，它一个不小心，掉到了雪里，雪一下子没到了它的耳朵边上。

兔子觉得脚底下好像有什么活的东西在乱动。刹那间，从它周围的雪底下，冲出了许多雷鸟，它们噼噼啪啪地冲兔子扑棱着翅膀。兔子被这些突然出现的雷鸟吓坏了，拔腿就跑，一直逃进了森林。

原来，这群雷鸟冬天就住在沼泽地的雪底下。白天，它们就飞出来，在沼泽地上来回溜达，挖雪地里的蔓越橘吃。吃饱了，就又钻回雪底下去。

在那里，它们感到既安全又暖和。而且，躲在雪底下，又有谁能发现它们呢？

雪爆炸了，鹿得救了

雪地上留下了好多脚印，上面好像记载着一个又一个谜一般的故事。我们的通讯员想了好久也猜不透这是怎么回事。

一开始留下的是又小又窄的兽蹄印，看样子这只野兽走得稳稳当当的。所以这行字很好理解：一只母鹿刚从林子里走过，它一点儿都没意识到就要大祸临头了。

接着，在这些兽蹄印旁边出现了好多大脚爪印，于是，母鹿的蹄印看起来开始有些跳跃，说明母鹿开始有些慌张了。

这不难理解：也许有只狼在林子里无意间发现了这只母鹿，就向它扑了过去。母鹿虽然有些慌张，但是反应也还算敏捷，飞快地从狼身边逃走了。

继续往前走，就会发现，狼的脚印离母鹿的脚印越来越近，这说明，狼就快要追上母鹿了。

再往前去，有一棵树倒在了地上。就在这棵倒下的大树旁，

两种脚印完全混合在了一起。看来，在命悬一线的时刻，母鹿纵身越过了大树，狼呢，则紧紧跟在后面，也蹿了过去。

树干的另一端，有个深坑，坑里有许多积雪，那些雪像是被炸弹炸过一样，都凌乱地向四面八方飞溅。

就是从这个雪坑开始，母鹿的脚印和狼的脚印开始分道扬镳了，中间，还莫名其妙地多出了一种很大的脚印，就像人光脚时的脚印一样，只不过上面还带着一个可怕的、弯弯的爪印。

雪地里埋着的到底是一颗什么样的炸弹呢？这可怕的大脚印又是谁的？狼和母鹿最后为什么会分道扬镳？狼怎么会放弃母鹿呢？这里究竟发生了什么事？

阅读理解
运用一连串问句吊起读者的胃口，吸引读者去寻找答案。

我们的通讯员冥思苦想，花了很长时间，反复地思考这些问题。

后来，他们终于弄明白这些套着爪子的大脚印是谁留下的，这样一来，一切都变得简单明了、顺理成章了。

母鹿凭着它那四条飞毛腿，轻而易举地越过了横在地上的粗树干，快速地向前飞奔而去。狼紧随其后也跳了起来，只不过它跳得没那么远，它的身子太沉了，半路上就从树干上滑了下来，掉到了雪里。恰巧树干底下有个熊洞，狼四只脚一起插进了熊洞里。

狗熊在洞里正睡得迷迷糊糊，被这个不速之客吓了一跳，猛地一个纵身跳了起来，于是那些坑里的冰呀、雪呀、树枝呀，朝四周一阵乱飞乱舞，就像是被炸弹炸了一样。熊还以为是猎人来打它了，就飞也似的朝树林里逃去了。

而狼则一个跟头跌到了雪坑里，它看见那么个又高又胖的家伙，心里怕得不得了，哪儿还顾得上母鹿，只顾自己逃命要紧。

母鹿呢，这时早就逃得没影了。

银白的雪世界

初冬时节，雪还下得不多，此时，田野和森林里的野兽可就倒霉啦，这是它们最难熬的一段时间。地面光秃秃的，冻土越来越厚，地洞里也越来越阴冷。鼹鼠可要倒霉啦，因为冻土此刻坚硬无比，就像块石头，它那平时做铁锹用的脚爪，此刻挖起土来也不再锋利了。老鼠、田鼠、伶鼬、白鼬什么的，又该怎么办呢？

好不容易盼到了大雪纷飞的日子，大雪下个不停。地上慢慢聚集起厚厚的积雪，不再消融，像一片白茫茫的雪海，把整个大地都包了起来。如果人站在这片雪海里，都没到了膝盖。榛鸡、黑琴鸡，甚至于松鸡，都把头尾钻到了雪里。老鼠、田鼠、伶鼬、白鼬所有不冬眠的穴居小野兽们都从自己那深埋地下的住宅里钻了出来。它们不停地在雪地上跑来跑去。吃肉的伶鼬则一点儿也不知道累似的，在雪海里钻来钻去，活像一只小海豹。有时，它跳出雪海朝四周望望，待一会儿，看有没有榛鸡从什么地方探出来，之后，它又一个猛子钻回雪海底下。就这样，它神不知鬼不觉地在雪下钻到了猎物跟前。

雪海底下比雪海上面暖和多了。凛冽刺骨的寒风吹不到那里，好像一层厚厚的用雪做成的毯子阻挡了严寒，不让寒冷接近地面，在这雪的海底世界，似乎感受不到严冬的气息……许多穴居的老鼠，就把自己过冬的巢直接筑在雪下面的地上，好像到专门建好的冬季别墅来避寒似的。

雪底下竟然还有这样的事儿！有一对短尾田鼠，用细草和毛做了一个小窝，架在一棵覆盖着雪的灌木枝上，现在，还从窝里往外冒着微微的热气呢。就在这厚厚积雪下的暖暖和和的小窝里，有几

阅读理解
俗称"飞龙"，在全世界共有三种，即花尾榛鸡、斑尾榛鸡和披肩鸡。

只刚出生的小不点儿，这些小田鼠身上光溜溜的，没有一点儿毛，眼睛也还没张开呢！那时，天气可正冷呢，有-20℃哩！

冬季的中午

正月里的一个中午，阳光灿烂，白雪覆盖着的树林里，鸦雀无声。洞里的熊此刻正在自己的小家里酣睡。就在熊的头顶上，大雪压弯了乔木和灌木，在那些乔木和灌木的枝叶缝隙里，若隐若现地显现着许多神奇而小巧的小屋，这些小屋有拱形圆顶、空中走廊、庭阶和窗户。所有的一切，都在闪闪发光。

一只小巧玲珑的翘尾巴小鸟儿，嘴巴像锥子一样尖锐，好像突然间从地底下钻出来似的跳上地面。它扇动着翅膀，飞到云杉树梢上，发出一连串婉转动听的叫声，响彻了整个树林。

这时，在白雪拱门的地窖的小窗口那儿，突然露出了冬眠的熊那绿蒙蒙的眼睛，半睁半闭，迷迷糊糊的……难道说春天要提前来临了？

这是很会过日子的熊的眼睛。树林里每天不知会发生什么事，要是有什么意外突然发生，它可就要错过了。所以熊就在自己洞的墙壁上开了一扇小窗。它从哪里钻进去睡去，就在哪里留一扇小窗。还好，没什么意外。在那钻矿般的小房子里，一切都平安无事……于是，熊眼睛从小窗口前消失了。

在冻冰盖雪的树枝上，小鸟来回蹦跶了一阵，就又钻回了白雪覆盖下的树根里去了：在那里，它有一个用柔软的苔藓和绒毛做的冬巢，那儿暖和着呢！

 **名家点拨**

　　初冬的森林一点儿也不单调，相反，热闹得很。作者在这一章里运用了多种句式，这可以引起读者兴趣，激发他们强烈的求知欲，对于读者领会文章内容、增长知识都很有帮助。

集体农庄生活

名家导读 ◎ ✽

本章文字不多，就像是插进了一条临时播报，向读者简单介绍了
农庄里的生活：伐木、运木、选种、喂鸟……一切简单而又平和，这
就是列宁格勒的冬日农庄生活。

列宁格勒的冬季，白雪皑皑，树木都进入深深的睡眠，连树干里的血
液——树液也都冻结了。树林里，一直响着咯吱咯吱的锯子的声音。整整
一个冬天，人们都在砍伐木材。冬天里砍伐的木材既干燥又结实，是最上
等的木材。

为了方便运输锯下来的圆木，人们像浇溜冰场似的往积雪上泼水，修
出几条宽阔的冰面马路，再将锯下的木材沿着冰面马路一路滚到大大小小
的河流边，好让木材能在春天到来、冰雪融化的时候，随融化后的河水漂
到下游的村庄去。

冬天里，集体农庄里的庄员们也都不闲着，他们得选种和查看庄稼
苗，为来年春天做好准备。

更有趣的是，定居在打谷场附近的一群群灰山鹑，常常成群结队地飞
到村庄里来觅食。它们想扒开厚厚的积雪寻找食物，不过，即使把积雪扒开
了，下面仍然有一层厚厚的冰，它们想凭那细弱的脚爪扒开冰壳，简直困难
极了。冬天捉灰山鹑非常容易，只可惜这是犯法的，因为法律禁止人们在冬
天捕捉无力反抗的灰山鹑。

冬天里，那些聪明又细心的猎人还会喂养这些鸟儿呢！他们会在田野里给灰山鹑设立食堂——那是些用云杉树枝搭建的一个个小棚子，在小棚子底下猎人们撒上了燕麦和大麦。

就是这样，即使是在最寒冷的冬季，美丽的灰山鹑也不会被饿死。第二年夏天，每对灰山鹑都会生蛋，会孵出至少二十多只小灰山鹑宝宝来。

尼·巴甫洛娃

名家点拨

对于集体农庄的初冬生活，作者着墨不多，只有寥寥几百字。从侧面说明了相对于其他三个季节，冬天的生活确实会显得单调一些。不过，人们依然在为来年春天做准备，无论伐木还是选种、查看庄稼苗。灰山鹑也利用这宝贵的时间休养生息。

集体农庄新闻

名家导读

虽然集体农庄的初冬生活略显单调，但是新闻却也不少。你听过耕雪机吗？有人会在冬天到田地里去耕雪。还有保护着铁路的"绿带子"，这些都是初冬时节集体农庄里的新鲜事儿。

耕雪机

昨天，我到闪光集体农庄去拜访了一位老同学——拖拉机手米沙。

米沙的妻子给我开了门，她是个幽默可爱的女人。

她说："米沙没在家，他去耕地了。"

我心想：又跟我开玩笑了，可这玩笑也未免太幼稚了，竟然跟我说他在耕地呢。这大冬天的，连幼儿园的孩子都知道，现在不是耕地的时候。

于是，我打趣道："是在耕雪吧？"

"当然，不耕雪耕什么呢？"米沙的妻子回答。

于是，我就去找米沙。不管你会有什么奇怪反应，我确实是在田里找到米沙的。他正开着拖拉机，拖拉机后还拖着一只长木箱。木箱把积雪都拢到了一起，形成一道结结实实的高墙。

"米沙，这是用来做什么的呀？"我问道。

"这就是用来挡风的雪墙。"米沙答道，"如果不堆这么一道墙，风就会在田里肆虐，把雪全都吹跑了。要是没有这厚厚的积雪，秋播作物一定会被冻死的。所以，一定得把田里的积雪留住，我就用耕雪机耕雪了。"

冬季作息时间

冬天，在农场里，牲畜也要按照冬季作息时间生活：睡觉、吃饭、散步都有一定的时间安排。关于这件事，四岁的女庄员小马莎告诉我说：

"现在，我和好朋友都已经上幼儿园了。也许小牛和小马也该去幼儿园了吧？当我们在外面散步的时候，它们也出去散步。我们回家的时候，它们也回家。"

"绿带子"

铁路沿线，挺立着一排排亭亭玉立的云杉，绵延数公里。这条"绿带子"保护着铁路，以免它受到风雪的袭击。到了春天，铁路职工会在铁路沿线栽种好几千棵小树，使这条"绿带子"逐渐加长。光是今年，就栽种了10 万多棵云杉、洋槐和白杨树，还有大约3000棵果树呢。

 名家点拨

耕雪机和"绿带子"，听起来就很新鲜。通过作者的介绍，我们知道了为什么要用拖拉机拖着箱子跑，为什么要在铁路旁种上高高的云杉。

城市新闻

名家导读

　　看过了集体农庄的初冬生活，作者又回到城市，向读者介绍起了城市里的新闻，只不过这新闻只有一条：光脚在雪上爬。究竟是谁这么不怕冷敢在雪上爬呢？

光脚在雪上爬

　　冬天里也会有阳光明媚的日子，那时温度上升，温度表里的水银柱会上升到零度左右。这样的日子里，林荫路上，花园和公园里，雪底下就会爬出好多没有翅膀的小苍蝇来。

　　这些小苍蝇从早到晚一直在雪地里爬来爬去。到了黄昏，它们就又会躲藏到冰缝和雪缝里去了。这些小苍蝇就生活在那些安静、暖和的角落里，比如落叶或者苔藓下面。

　　这些小苍蝇爬过的雪地上，一点儿痕迹也没有留下。因为这些爬来爬去的小虫子们，身子很轻、很小，只有用那种倍数很大的放大镜，才能把它们看清楚：它们伸着长长的嘴巴，头上长着奇怪的犄角，还有那纤细的光脚丫。

名家点拨

城市里的新闻并不比农庄里的新闻多，只有一条。这些没有翅膀的光着脚的小苍蝇们都趁着天气转暖出来活动活动了。趁着这个机会，人们也可以好好观察观察它们。

国外消息

名家导读

秋天里，从苏联到外地远行过冬的鸟儿们不知道现在怎么样了？作者也很关心这个问题，所以他就用了一章来给大家解答这些疑问。远在埃及尼罗河的鸟儿们过着怎样一种生活？苏联有没有这样一个地方可供鸟儿过冬呢？戴脚环的鸟儿又是怎么一回事？

从国外传来了一些给编辑部的消息，报道了一些从我们这儿飞到那里去过冬的鸟儿的生活情况。

在我们这儿，歌鸲（qú）算是个顶出名的歌手了。它们在非洲中部过冬，百灵鸟现在就住在埃及，椋鸟则分批旅行，分别到法国南部、意大利和英国去。不过，它们在那儿从不唱歌，只管照顾自己的吃和住。在那里，它们既不做巢，也不孵小鸟，就是在那里静静地等待着春天的来临。到了那时，它们就可以飞回故乡了。常言说得好："在家千日好，出门事事难。"

埃及拥挤的鸟儿

冬日的埃及可算得上是鸟儿们的乐园了。在那里，有雄伟壮阔的尼

罗河，支流无数，河滩上布满了淤泥。尼罗河水经过的地方，两岸都是肥沃的农田和牧场。那里到处都是湖泊和沼泽，有咸水的，也有淡水的。暖暖的地中海，海岸蜿蜒曲折，形成了许多海湾。这些地方，到处都有丰富的食物，足够招待那些远道而来的鸟儿们。夏天，这里本来已经有数不清的鸟儿了，到了冬天，我们的候鸟也飞过来了。

那种热闹的场面你很难想象，就好像全世界的鸟儿突然都聚集在这里似的。

在湖上和尼罗河的支流上，水禽密密麻麻地聚集在一起，一个挨一个，从远处望去，都快看不见水面了。嘴巴下长了个大肉袋的鹈鹕（tí hú），和我们的紫膀鸭、小水鸭一起捉鱼；我们的鹬就在漂亮的长脚红鹤中间走来走去，要是羽毛斑斓的非洲乌雕或我们的白尾金雕突然出现，它们就会马上四散奔逃。

阅读理解

鹈鹕的嘴很长，有30多厘米，那个大大的皮囊就是它们储存食物的地方。

如果此时有谁在这湖上突然放上那么一枪，马上就会有一大群形形色色的鸟儿从湖面上密密麻麻地飞起来。那个喧嚣声，就好像几千面鼓同时擂起来那么响。刹那间，湖面就被一大片浓浓的黑影遮掩住了，因为飞起来的鸟群把太阳遮住了。

我们的候鸟在这冬天的别墅里就这样生活着。

国家禁猎区

在苏联的辽阔大地上，也有一处鸟儿的天堂，一点儿不比埃及的差。我们这儿的很多水禽和沼泽地的鸟儿，冬天都会在那里过冬。在那儿，你可以看见一群群的红鹤和鹈鹕，里面还掺杂着许许多多的野鸭、大雁、鹬、鸥和各种猛禽。虽然，我们讲的是冬天，可是那里恰恰没有冬天。那里不像我们这里有严寒和大雪纷飞的冬天。那里有温暖的海，浅浅的海湾里到处都是淤泥；沿岸芦苇丛生，灌木浓密；那里有风平浪静的草原、湖泊。在那些地方，一年四季有的是各种各样的鸟食。

那些地方是禁猎区，猎人不准在那里打鸟。因为那些鸟是候鸟，它们辛苦了一个夏天，到了冬天飞去那儿休息。

那里就是我们苏联的塔雷斯基禁猎区，位于里海东海岸的阿塞拜疆共和国境内，林柯拉尼亚附近。

轰动非洲的大事

非洲南部发生了一件大事。一群白鹳从天空飞下来，人们在这群白鹳中发现有一只脚上套了个白色的金属环。

人们把这只戴脚环的白鹳捉住了，弄明白了金属环上刻的字："莫斯科，鸟类学研究委员会，A组第195号。"

这一消息很快就登上了报纸。我们才知道，前些日子我们的通讯员捉到的那只白鹳（参看《森林报》第七期森林里发来的第二个电报）冬天时住在什么地方。

科学家们就是用这种给鸟类戴脚环的方法，探知了许多关于鸟类生活的奇奇怪怪的秘密：比如它们在哪里过冬，它们长途飞行时的路线等等。

为了实现这一目的，世界各国都成立了鸟类学研究委员会。他们用铝制成了各种大小不等的环，在环上刻了分发环的机关名称、组别（按环的大小分组）和号码。如果有人捉住或打死这种戴脚环的鸟儿，看清楚上面所刻的那个科学机关的名称，就要通知那个科学机关或是把自己的发现刊登在报纸上。

阅读理解

白鹳是一种长途迁徙的鸟类，分布广泛，是食肉动物，除了翅膀上有黑羽之外，其他羽毛都是白色的，红腿，红喙。

 **名家点拨**

　　本章重点讲述了候鸟越冬的地点之一——埃及尼罗河畔。因为那里有丰富的食物，简直成了鸟儿的天堂，甚至连水面都快被鸟儿们遮住了。不过，苏联的塔雷斯基禁猎区也是鸟儿越冬的天堂，丝毫不比尼罗河畔逊色。

狩 猎

名家导读

不管哪个季节，都少不了狩猎。在这一章里，狩猎的对象是狼和狐狸。作者给我们介绍了猎人们是如何带着小旗子打狼的，又是如何猎狐狸的。那么，狼和狐狸都猎到了吗？

带着小旗子打狼

村庄附近有几只狼一直窜来窜去。它们一会儿拖走一只小绵羊，一会儿拖走一只山羊。由于这个村庄里没有猎人，人们只好到城里去找人帮忙。

就在那天晚上，城里开来一队士兵，他们全都是打猎能手。他们随队还带来了两辆载货雪橇，上面装着粗大的卷轴，卷轴上缠着绳子，中间就像个驼峰一样隆了起来。绳子上还系着小红布旗子，每隔半米系一面。

察看脚印

猎人们向当地农民打听明白了这件事，他们知道了狼是从哪儿到村庄里来的，于是他们随后就到那里去察看脚印。那两辆载着卷轴的雪橇，就跟在他们后面。

狼的脚印是一条直线，从村庄里出去，穿过田埂，一直通向林子里。初看上去，好像这里只有一只狼的脚印，可是那些有着丰富辨别兽迹经验的老猎人仔细看了看，就知道从这里走过的有一窝狼。

猎人们跟踪狼的脚印进了树林，在这里，那些脚印分成了五只狼的脚印。猎人们又仔细看了看，说：走在最前面的是一只母狼，因为它的脚印很窄，步子也小，脚爪槽是斜的。

经过一番察看，猎人们分成两组，分别乘上雪橇，绕着树林转了一周。

他们发现，哪里都没有从树林里出来的脚印。于是，他们断定，这一窝狼现在还藏在树林里，得赶紧布置一场围猎。

包　围

两队猎人分别带了一个卷轴，乘着雪橇缓缓前进，卷轴不断旋转着，一路放出上面的绳子。后面的人就把这些绳子缠在灌木、树干或者树桩上。绳子上那长长的小旗半悬在空中，离地约有半俄尺高，迎风飘扬着。

这两组人又在村庄附近会合了，他们把整个树林都围上了绳子和小旗。接着，他们告诉集体农庄的庄员们，第二天天蒙蒙亮就要起来集合。然后，他们就回去休息了。

夜　晚

那一夜，皓月朗朗，寒气逼人。

母狼先醒了，它站了起来。接着，公狼也站了起来。随后，今年才出生的三只小狼也站了起来。

周围都是密密麻麻、黑漆漆的树林。明月当空，看上去，就像是个模糊的落日。

狼的肚子咕咕直叫，饿得真是太难受了。

母狼抬起头，冲着月亮嗥叫起来，公狼也跟着它凄凉地叫了

阅读理解
野兽从雪地里拔出脚的时候，它们的脚掌总是会从脚掌小坑里带一点儿雪出来，因此大雪上留下的脚爪印就像是一道道小槽，就叫作脚爪槽。

阅读理解
1俄尺等于0.711米。

起来，小狼们也跟着发出了尖细的叫声。

农庄里的家畜们一听见狼叫，都吓得要命，牛哞哞叫了起来，羊也发出咩咩声。

母狼迈开步子向前走着，公狼紧随其后，再后面就是那三只小狼。

它们小心翼翼地迈着步子，后面的那只脚不偏不倚，正好踩在前面那只脚的脚印上。就这样，它们穿过树林，向村庄走去。

忽然，母狼停下了脚步。公狼跟着也停下了。小狼也停下了。

母狼恶狠狠地瞪着那双敏锐的眼睛，目光中有些惶恐不安。它那灵敏的鼻子，此刻闻到了一股红布的酸涩味儿。仔细一看，发现前面林子边上的灌木上，挂着好多黑糊糊的布片儿。

母狼上了年纪，有很多经验。不过这样的情况，它还是第一次遇到。但有一件事，它很清楚：有布片的地方，就一定会有猎人。谁知道这些猎人会在哪儿呢？也许他们就躲在田里呢。

还是往回走吧。

母狼掉转身子，连蹿带跳，向森林奔去。公狼紧紧跟在后面，再后面是小狼。

它们迈开大步，穿过整个森林，来到了另一边，然后站住了。

又是那些布片儿！它们挂在那里，就像一根根吐出来的鲜红舌头。

这窝狼在树林里东奔西窜，一次次穿过树林，可是这儿那儿，到处都是布片儿，到处都找不到出路。

母狼觉得情况不对头，它连忙逃回森林，躺了下来。公狼和

阅读理解
把红布比喻成"鲜红舌头"形象、生动，说明狼心里的紧张与惊恐。

小狼也都跟着躺下了。

看来，它们是走不出这个包围圈了，那就只能挨饿了，谁知道外面那些人在打什么主意呢。

天气真冷呀，狼的肚子饿得咕咕直叫。

第二天早上

清晨，天空刚露出鱼肚白，村庄里的两队人就出发了。

有一队人数比较少，每个人都穿着灰色长袍。他们之所以这样着装，是因为在冬季的树林里，其他颜色的衣服都会很显眼。这些人绕着树林走，把绳子上的小旗悄悄解了下来，然后在灌木丛里分散开，排成了一字长蛇阵。

人数较多的那队，则是集体农庄的农民们。他们手里都拿着木棒，在田里等着。后来，只听指挥员发出了一声号令，他们才一起边走边吼叫着进了树林，还不时地用木棒敲敲树干。

围 攻

此刻，狼正在密林深处打盹儿，它们猛然听到村庄里传来一阵阵喧嚣声。

母狼纵身跃起，向着与村庄相反的方向逃去。公狼和小狼紧随其后。

它们脖子上的鬃毛根根竖起，尾巴紧紧地夹着，两只耳朵向后背着，眼睛里像要喷出火来，不顾一切地飞奔着。

到了树林边，又看见了一串串像燃烧成火焰似的红布片。

此时，狼已经感到了莫名的恐惧和惊慌，它们转身飞也似的往回逃。

可是，呐喊声已经越来越近。听得出，有大批人正在向它们围过来，木棒敲得树林都震动了。

狼们吓得又往回逃，鬃毛竖得更直，尾巴夹得更紧，两只耳朵向后背着，眼睛直蹿火，不顾一切地飞奔着，逃窜着。

再次来到了树林边，这里竟然没有似火的红布片了。

此时，狼的恐惧和警惕不禁瞬间消失了，快往前跑呀！

于是，这群狼正好冲着已经等候了大半天的猎人们跑了过来。

突然，从灌木丛后喷射出一道道火光，枪声噼噼啪啪地响了起来。公狼猛地蹿了个高，又扑通一声跌在了地上。小狼们满地打滚，叫声连连。

士兵们的枪法都很准，小狼都没能跑掉。只有那只母狼不知道跑到哪里去了，没人知道它是怎么逃走的。

从那以后，村庄里再也没有出现牲畜失踪的事。

猎狐狸

一个经验丰富的老猎人，必定会有好眼力。就拿猎狐狸的事来说吧，老猎人只要看看狐狸的脚印，就什么都知道了。

一天早晨，塞索伊奇从家里走出来。因为刚下过一场雪，地上覆盖着薄薄的一层。塞索伊奇远远地发现田里有一串狐狸的脚印，那脚印清清楚楚、整整齐齐。这位小个子猎人，不慌不忙地走到这些脚印旁，站在那里想了一会儿。然后，他卸下滑雪板，单腿跪在雪地上，同时把一个手指头弯起来，伸进狐狸脚印的洼洼里，横着量量，竖着探探。接着，他又想了一会儿。最后套上滑雪板，沿着脚印向前滑去。一路上，他盯着那些脚印继续看。只见他一会儿躲进灌木丛里，一会儿又从灌木丛里钻出来，后来又滑到一个小树林边上，还不紧不慢地绕着树林滑了一圈。

阅读理解
人物在这一段里的表现看似没有必要，也不知其意何为，但这勾起了读者的好奇心，也为后文猎人捕捉狐狸埋下了伏笔。

随后，他从林子里头钻出来，以最快的速度滑回了村庄。他乘着滑雪板，好像在雪地上尽情飞翔。

冬日的白天很短，而塞索伊奇光是察看那些脚印，就花了足有两小时。不过，塞索伊奇已经下定决心，今天一定要捉住这只狐狸。

现在，他跑向我们这里另一个猎人——谢尔盖的小房子。谢尔盖的母亲从窗口看到了他，就先走出来，站到门口，说：

"我儿子没在家。他也没对我说要去哪儿。"

塞索伊奇知道老太太没说真话，但他只是笑了笑，说道：

"您不知道，可我知道他正在安德烈家里呢。"

随后，塞索伊奇果真在安德烈家里找到了两位年轻的猎人。

可是，他刚一走进去，那两个年轻猎人就不说话了，还显得有点儿尴尬。为什么这样，他也很清楚。谢尔盖甚至还从板凳上站起来，想用身子挡住后面一个卷小红旗的大卷轴。

"行啦，行啦，孩子们，别在这里遮遮掩掩的了，我都知道了。"塞索伊奇开门见山，"就在昨天夜里，星火集体农庄里有只鹅被狐狸拖走了。现在，这只狐狸躲在哪儿，我也知道。"

两个年轻猎人被这几句话弄得瞠目结舌。就在半个钟头前，

谢尔盖碰到了附近星火集体农庄里的一个熟人，听他说就在昨天夜里，他们那儿养的一只鹅被狐狸给拖走了。谢尔盖听完后，马上就通知了好友安德烈。他们刚刚正在商量着怎么能找到那只狐狸，怎样才能先下手捉住它，免得被塞索伊奇听到风声抢了先。哪知道塞索伊奇自己来了，而且他还什么都知道了。

半晌，安德烈才打破了沉默：

"究竟是哪个多嘴的娘们儿把消息透露给你的？"

塞索伊奇一声冷笑，说：

"那些娘儿们恐怕一辈子也不会弄懂这些事儿的。我是从狐狸的脚印看出来的。现在，我可以告诉你们：第一，这是只年老的公狐狸，个头不小。它的脚印是圆圆的，很大，清清楚楚，走起路来不像小狐狸那样乱踩。它还拖着一只鹅，从星火集体农庄里出来，走到一丛灌木那里，就把鹅给吃光了。现在，我已经找到那个地方了。这只公狐狸很狡猾，身子又胖，毛皮又厚。"

谢尔盖和安德烈彼此使了个眼色。

"怎么？难道这些单凭脚印就可以断定吗？"

"当然，如果这只狐狸很瘦，吃了上顿没下顿的，那它身上那身毛皮可就又薄又没有光泽了。可是这只老狐狸呢，生性狡猾，总会吃得饱饱的，养得胖胖的，毛皮也是又厚又密的，乌黑发亮。那张皮一定值不少钱。饱狐狸和饿狐狸的脚印也不一样啊！饱狐狸走起路来步子轻快，就像猫儿一样灵巧，后脚会踩在前脚的脚窝里，一步是一步，整整齐齐地排成一行。告诉你们吧：就像那样一张毛皮，搁在列宁格勒毛皮收购站，肯定会有大批人抢着出大价钱买。"

塞索伊奇的话说完了。谢尔盖和安德烈又彼此使了个眼色，然后一起走到墙角，耳语了一会儿。

随后，安德烈对塞索伊奇说：

"好吧，塞索伊奇，你就直说了吧，你是不是找我们合作来了？我们没意见。你瞧，我们俩也听到了风声，都准备好了小旗。本来我们想抢到

你头里的，可是没成功。那咱们就合作吧。"

"第一次围攻，如果打死就算你们的。"小个子猎人大大方方地说，"可要是让它给跑了，就甭想着会有第二次围攻了：这只老狐狸只是路过这里，不是我们本地的。咱们本地的狐狸，我全都知道，没有这么大个儿的。只要它听见一声枪响，肯定会逃得无影无踪，两天也甭想找到它。小旗子还是好好留在家里吧，老狐狸可狡猾着呢，它肯定被人家围了好几次，每次都让它给跑了。"

可是，两个年轻的猎人坚持要带小旗子。他们说，还是带着旗子稳妥些。

"好吧！"塞索伊奇点了点头，"你们想怎么办，就怎么办！行动吧，年轻人！"

谢尔盖和安德烈立刻准备起来，捎出两个卷小旗的大卷轴，拴在雪橇上。趁这工夫，塞索伊奇回了一趟家，换了套衣裳，顺便又找来五个年轻的庄员，叫他们帮忙赶围。

这三个猎人都在短皮大衣外面套上了灰罩衫。

"我们这可是去打狐狸，不是去打兔子。"半路上，塞索伊奇教导他们说，"兔子有点儿糊里糊涂的，可狐狸却不这样，它的鼻子可比兔子灵多啦，眼睛也尖得出奇。它只要看出那么一点儿不对头来，马上就会逃得无影无踪的。"

大家跑得很快，一会儿工夫就到了狐狸藏身的那片小树林。大家分散开来：赶围的人站好了地方，谢尔盖和安德烈带着卷轴，向左绕着小树林走，一边走还一边挂起小旗子，塞索伊奇带着另一个卷轴往右走。

"你们可要仔细看，"分手以前，塞索伊奇再次提醒他们，"看看有没有走出树林的脚印，别弄出声响，老狐狸狡猾着呢！它只要听到一点儿动静，马上就会采取行动。"

过了一会儿，三个猎人在小树林那边会合了。

"一切就绪。"谢尔盖和安德烈回答，"我们仔细检查过了，没有走出林子的脚印。"

"我也没看见。"塞索伊奇说。

他们留下一段150来步宽的通道，没挂小旗子。塞索伊奇嘱咐两个年轻猎人，最好站在那里守着，他自己则踏上滑雪板，悄悄滑回到赶围的人们那里。

又过了半个钟头，围猎开始了。六个人分散开来，形成一道半圆形的狙击线，向树林包抄过去。他们不停地互相低声呼应着，还用木棒敲击着树干。塞索伊奇走在最中间，不时对狙击线做着调整。

树林里寂静无声。人们从树枝边擦过，树枝上就会无声无息地掉落下一团团松软的雪。

塞索伊奇紧张地等着那两个年轻猎人的枪声。虽然这两个人是他的老搭档了，可他还是有点儿不放心。那只公狐狸很少见，对这一点，经验老道的老猎人不会有什么怀疑。如果错过这次机会，那以后他们再也碰不到这样的狐狸了。

他已经走到了小树林中间，可还没有听见枪声。

"怎么回事？"塞索伊奇一面从树间走了过去，一面提心吊胆地想，"狐狸早就该窜上通道了。"

现在，走到树林边了。安德烈和谢尔盖从他们躲藏的那几棵小云杉树后走了出来。

"没有吗？"塞索伊奇问道，他不再压低声音了。

"没瞧见。"

小个子猎人一句话也没说就往回跑，他要去检查一下包围线。

"喂，到这儿来！"几分钟后，传来了他气呼呼的声音。

大家都走到了他跟前来。

"你们还是追踪兽迹的猎人呢？"小个子猎人气鼓鼓地瞪着年轻猎人，从牙缝里挤出这么一句话，"你们看，这是什么？还说没有出林子的脚印？"

"这是兔子的脚印。"谢尔盖和安德烈异口同声地回答,"我们怎么会不知道呢? 刚才我们包围的时候就看见了。"

"你们这两个傻瓜,我早就说过,这只狐狸可狡猾啦。那兔子脚印里是什么? 看看那里头。"

在兔子留下的长长的后脚印里,隐隐约约可以看出,还有其他野兽的脚印,这种脚印比兔子的后脚印圆一些,短一些。两个年轻猎人看了半天才弄明白。

"为了掩饰自己的脚印,狐狸经常会踩着兔子的脚印走,你们难道连这个都不知道? "塞索伊奇一肚子火,"你们看看,它每一步都踩在了兔子的脚印上。你们两个真是睁眼瞎! 因为你们,糟蹋了多少时间! "

塞索伊奇吩咐把小旗子留在原位置不要动,自己则跟着脚印跑过去了。其他人都默默地跟在后面。

进了灌木丛,狐狸的脚印和兔子的脚印就分开了。现在,这行脚印清清楚楚,只是绕来绕去的,狡猾的狐狸要出了很多鬼花样,他们跟着这行脚印走了好半天。

在这寒冷阴暗的冬日,太阳挂在淡紫色的云上,黯淡无光。大家都垂头丧气:这一天就这样白白地过去了,大家的体力也白浪费了。脚上的滑雪板似乎变得沉重起来。

突然,塞索伊奇站住了,他指着前面一片小树林小声说:

"老狐狸在那儿,前面五千米都是田野,光秃秃的,没有树丛,也没有溪谷。狐狸要跑过这样一大块空旷的地方,很容易暴露自己。我敢拿脑袋打赌,它就在那儿。"

两个年轻猎人一下子都提起精神来,放下肩上的枪。

塞索伊奇吩咐安德烈和三个赶围人,一起从小树林右边包抄过去;谢尔盖和两个赶围人,从小树林左边包抄过去,大家同时走进小树林。

待他们走了之后,塞索伊奇自己悄悄地溜进树林中间。他知道,在那儿有一块空地。狡猾的老狐狸绝不会待在没有遮拦的地方。但是,不管它朝哪个方向穿过小树林,都没法避开这块空地的边缘。

就在这块空地中间，有一棵高大的云杉。旁边一棵枯死的云杉就躺在这棵高大云杉的粗大树枝上。

空地周围只有一些矮小的云杉，再就是光秃秃的白杨和白桦。塞索伊奇突然想到一个主意，那就是顺着倾倒的枯云杉树爬到大云杉树上去。这样，居高临下，不管老狐狸往哪儿跑，都可以看得见。

但是，这位老练的猎人转念一想：在他爬树的工夫，狐狸有可能就会跑掉了，而且，从树上放枪，也不方便。于是，他放弃了这个念头。

于是塞索伊奇在云杉树旁停住脚步，站到两棵小云杉之间的一个树桩上，扳起双筒枪的枪机，向四周仔细张望。

赶围人从四面八方遥相呼应着。

塞索伊奇很肯定：那只非常值钱的狡猾的老狐狸一定就在这儿，就在不远处，它随时会出现。突然，他打了个冷颤，一团棕红色的毛皮从树干间闪了过来，然后直接就奔那块没有遮拦的空地跑去了，塞索伊奇差一点儿就开了枪。

不能开枪。那不是狐狸，而是一只兔子。

兔子惊惶地抖动着长长的耳朵，在雪地上坐了下来。

四面八方的人声越来越近了。

兔子跳进了密林，逃得无影无踪。

塞索伊奇又集中全部注意力，继续等待着。

突然，从右边传来一声枪响。

打死了，还是打伤了？

从左边传来了第二声枪响。

塞索伊奇放下了枪。他心想：不是谢尔盖，就是安德烈，反正总有一个人把狐狸打死了。

过了不大一会儿，赶围人走到空地上来了。谢尔盖和他们在一起，一脸尴尬。

阅读理解

作者细致的描写生动再现了猎人打猎时的心理。

　　"没打中？"塞索伊奇脸色阴郁地问。

　　"在灌木后头，没打到……"

　　"你呀……"

　　"看，这儿！"从背后传来安德烈嘻嘻哈哈的声音，"没逃走啊！"

　　年轻的猎人走过来，把一只打死的兔子扔在塞索伊奇脚下。

　　塞索伊奇张了张嘴巴，没有说话。赶围的人看着这三个猎人，感到莫名其妙。

　　"好啊！运气不错啊！"塞索伊奇终于平静地说，"现在，大家都回去吧！"

　　"狐狸呢？"谢尔盖问。

　　"你看见过狐狸了

吗？"塞索伊奇反问。

"没有，没看见。我打的也是兔子，在灌木后面，那样……"

塞索伊奇摆了摆手，说："我看见狐狸被山雀抓到天上去了。"

大家都走出了空地，小个子猎人一个人在后面走着。此时，天还没黑下来，还能看清雪地上的脚印。

塞索伊奇围着空地慢慢地走了一圈，他走走停停。

狐狸和兔子进入空地的脚印，此时还清晰地印在雪地上，塞索伊奇仔细察看着狐狸的脚印。

不对，狐狸并没有一步步踩着自己原来的脚印往回走，它没有这种习惯。出了这块空地，脚印就一点儿也没有了，既没有兔子的，也没有狐狸的。塞索伊奇走到小树桩前，坐了下来，双手捧着头思索着。突然，一个很大胆的想法在他的脑海中闪过：有可能这只狐狸在空地上打了一个洞，躲进去了。这一点，猎人刚才根本没想到。塞索伊奇抬头看看，天已经黑了，在黑暗里根本找不到这个狡猾的畜生。塞索伊奇只好回家去了。野兽有时会给人一些非常难猜的谜语，有些人就被那种谜语难住了。塞索伊奇可不是这种人，即使是自古以来民间传说中以狡猾著称的狐狸，也难不住他。

第二天早晨，小个子猎人又来到昨天狐狸消失的那块空地上。现在，又有狐狸走出空地的脚印了。

塞索伊奇沿着脚印向前走，想找到他现在还找不到的狐狸洞。可是，狐狸的脚印一直把它引到了空地中央。此时，一行清清楚楚的脚印直接通向了那棵枯死的云杉，最后消失在那棵茂盛的大云杉的繁密枝叶中了。那

里离地约有八米高，有一根宽宽的粗枝，上面一点儿积雪也没有。

原来，昨天塞索伊奇在这儿守候老狐狸的时候，这只狡猾的老狐狸就躺在他的头顶上的树枝上。如果狐狸这种动物会像人一样笑的话，它一定会嘲笑小个子猎人的。

不过，经历过这件事情以后，塞索伊奇确信：既然狐狸会上树，那它（心里）也一定会笑，而且会笑得很痛快。

名家点拨

在这一章里，悬念迭起，狼和狐狸是否能被顺利捉住始终揪着大家的心，而狩猎过程也不断有小麻烦出现。如果说前面的文章像优美的散文，那么这一章就像是悬念故事一样。在猎狼的过程中，猎人们精心布置好了一切，等到时机一到，成功围攻。而猎狐狸时就没那么顺利了，因为两位年轻猎人缺乏经验，让那只狡猾的老狐狸跑掉了。

东南西北无线电通报

名家导读

虽然都处在冬天，但是每个地方都有不同。接下来，让我们关注地球上各个地方发回来的报道，听一听它们那儿都有哪些变化。北冰洋极北群岛、顿巴斯草原、新西伯利亚大森林、卡拉库姆沙漠、高加索山区，还有黑海，都传来了报道。

注意！注意！

这里是列宁格勒《森林报》编辑部。

今天是12月22日，一年一度的冬至日。在此对全国各地进行今年最后一次无线电广播。

我们邀请了苔原、草原、森林、沙漠、山峰、海洋来共同参与这次播报。

现在正是严冬时分，今天又是一年里白天最短、夜晚最长的一天。请各位跟听众朋友讲一讲，你们那儿现在都有些什么情况。

这里是北冰洋极北群岛

我们这里正值一年里夜晚最长的时候。太阳已经暂时离开了我们，到大海的对面旅行去了，它在下个春天来临的时候才会再次出现。

现在，我们这里到处是冰天雪地，冰雪覆盖着岛屿、苔原和海洋。

让我们来看看，还有什么动物留下来过冬呢。

海豹居住在北冰洋的冰面之下。它们趁冰面还没有完全冻住的时候，便在冰面上给自己凿了个通气孔，并在一整个冬天里尽力让这些小孔保持畅通，当有冰把通气孔堵住的时候，它们会立即用嘴把孔打通。海豹就是通过这些小孔来呼吸外面的新鲜空气的，偶尔它们也会从冰洞里爬出来，到冰面上休息一会儿，打个盹儿。

这个时候，会有公白熊偷偷地向它们走来。公白熊跟母白熊是不一样的，它们是不冬眠的，它们不用钻到冰窟窿里睡上一个冬天。

一种长着短尾巴的旅鼠居住在苔原的雪面之下，它们喜欢在雪地里挖出一条条的通道，冬天它们就靠吃那些雪地里的细草茎生存。而那些长着雪白皮毛的北极狐则靠鼻子追踪旅鼠，找到之后就把它们从雪底下挖出来。

北极狐还喜欢吃一种名为苔原雷鸟——产于寒冷地区的野禽。当这种鸟儿藏在雪地里睡觉的时候，那些具有灵敏嗅觉的小狐狸就会趁机悄悄逮住它们，这对北极狐来说是轻而易举的事情。

在冬季，这里总是晚上，按理说应该到处一片漆黑。没有太阳，我们如何看东西呢？

不用担心，我们这里即使没有太阳，也还是挺亮的。首先，月亮出现的时候，皓月当空，月明如洗。其次，我们这里的天空上总是闪烁着北极光，这种神奇的光变幻莫测、五颜六色，时而像条飘动飞舞的宽带子，沿着北极方向的天空铺展开来，时而又像瀑布似的直泻而下，还有的时候像银柱子或像柄剑似的高高耸起。那洁净无瑕的白雪，在北极光的映照下显出夺目的银色。此刻，我们这里亮得如同白昼一样。

天气很冷吗？是啊！实在是太冷了。狂风怒吼，暴雪横飞。

那疯狂的暴风雪肆虐着，几乎要把我们的房子埋进雪堆里了。有时候，雪太大了，一连六七天我们都没办法出门。不过，我们苏联人是很勇敢的，也是自信的。如今，我们一年比一年深入北冰洋北部，伟大的苏维埃北极探险队员早就已经在研究北极了。

这里是顿巴斯草原

如今，我们这里下起了小雪。当然，这对我们来说是无所谓的，我们这里的冬季不是很长，而且也不会特别的冷，甚至有些河流都不会被冰封。许多从寒冷地方飞来的野鸭到了这里，就不再想往南飞了。秃鼻乌鸦从北方飞到了我们这里，逗留在各处市镇上和城市里。它们在这里有的是吃不完的东西，它们会一直待到三月中旬，才会飞回故乡。

选择到我们这里过冬的，还有许多从苔原地飞过来的小鸟，其中有雪鹀（又叫铁爪鹀）、角百灵以及个头较大的白色雪鸮。生活在这儿的雪鹀比较适应在白天出来觅食，如果不这样的话，它就没有办法习惯夏天的苔原生活了，因为，在夏天的苔原上只有白天，没有黑夜。

在这里，茫茫草原上到处都覆盖着白雪。到了冬天，地里没什么农活，但我们的事情可是不少。人们正在幽深的矿井里，忙着用机器挖掘煤矿，然后用电力升降机把挖出来的煤送到地面上，最后通过火车运输到全国各地大大小小的工厂里。

这里是新西伯利亚大森林

我们这儿的森林里，雪已经堆积得很高了。那些勤劳的猎人们会脚上穿着滑雪板，成群结队地来到大森林里捕猎。他们赶着一辆辆轻型雪橇，雪橇上通常都会载上一些生活必需品。很多猎

阅读理解
角百灵是一种小型鸣禽，常栖息于干旱山地、荒漠、草地或岩石上，非繁殖期多结群生活，常短距离低飞或奔跑，取食昆虫和草籽。

狗飞快地在雪橇前面跑着，这些猎狗大多数都是北极犬，它们的尖耳朵直立着，蓬松的尾巴向上卷曲着。

我们这儿的大森林里有许多小野兽，其中包括稀有的黑貂，长着淡蓝色皮毛的灰鼠，长着厚毛的猞猁、兔子，个头很大的麋鹿，棕黄色的鸡貂，以及雪白的白鼬——以前沙皇穿的皮斗篷常常就是用白鼬皮做的，现在人们通常把白鼬皮做成孩子戴的帽子。除了这些，这里还有数不尽的红色火狐和棕黄色玄狐，以及美味可口的松鸡和榛鸡。

熊已经在它那隐蔽的洞里开始了漫长的冬眠。

猎人们在大森林里打猎，常常会在那里住上几个月，到了晚上他们会在森林里的小木屋过夜。冬天的白天非常短暂，猎人们一天到晚忙不停：他们要布网，设置陷阱来捕捉各种各样的鸟兽。那些北极犬就在大森林里东跑西奔，它们东嗅嗅西看看，帮主人寻找猎物——松鸡、灰鼠、西伯利亚鼬和麋鹿，甚至还有睡意正浓的熊。

现在，一群群的猎人都在赶着装满了猎物的雪橇走在回家的路上呢！

这里是卡拉库姆沙漠

在春、秋两个季节里，沙漠并不算荒芜，相反，那时候的沙漠到处都是生机勃勃的。

可是，一到夏冬季节，沙漠里就会变得一片死寂了。在夏天，鸟兽在荒漠里找不到任何食物，酷热让所有生物都不得不臣服；而在冬天，沙漠里也没有一点儿生气，无情的严寒让生物实在无法忍受。

每每到了冬天，鸟儿们都会飞光，野兽们也会逃光，它们都离开了这个严寒逼人的地方。虽然南方的太阳依然很明媚，它高高地升到这片覆盖着积雪的无边旷野的上空，但是，这里既没有飞禽，也没有走兽，没有人欣赏这片晴朗天空。纵使太阳可以把积雪融化，然而，雪底下有的只是死气沉沉的沙子。那些乌龟、蜥蜴、蛇和昆虫，甚至像老鼠、黄鼠、跳鼠等这些热血动物也都已经深深地藏到沙子下面去了。动物们被冻得硬

邦邦的，纷纷进入了冬眠。

凶猛的寒风在沙漠之中肆虐，现在没有什么能阻拦它的脚步。在冬天，风就是这片沙漠的主宰。

不过，这种情形应该不会持续很久。现在，人类正在试图征服这片死寂的荒漠，他们在沙漠里开凿灌溉渠，栽种树木。可以预见，今后哪怕是在夏冬两季，沙漠也会出现生机盎然的景象。

这里是黑海

瞧！那是多么的美丽啊！黑海里那小小的浪花轻击着蜿蜒的海岸，波涛温柔地荡漾着，沙滩上的鹅卵石跟着轻轻晃动，发出温柔的声音，比催眠曲还要好听。

天空中有一弯很细的新月倒映在黑黝黝的水面上。海上的暴风季节已经远离了。有一段时间，我们的大海也曾经波涛汹涌，海浪滔天，狂风暴雨疯狂地拍击着岸边的礁石，海浪远远地飞溅到岸

上，哗啦啦地怒吼着。当然，那是在秋天里才会发生的事。现在到了冬季，暴风已经很少来袭了。

黑海没有名副其实的冬天，只是海水比平时稍微变凉，北部海岸一带会结一些薄冰。在其余的时间里，我们的大海还是那么的欢腾雀跃，聪明活泼的海豚在海里欢快地玩耍，黑鸬鹚在水面上时隐时现，雪白的海鸥在海上翱翔。一年四季，海面上总有一些气派的大型汽船和轮船匆匆而过，还有摩托快艇偶尔在海面上疾驰，也有轻便的帆船飞速滑过。

很多鸟儿会飞到这里来过冬，其中有潜鸟、潜鸭以及胖乎乎的浅红色鹈鹕——它们嘴巴下面挂着一个盛放猎来的鱼儿的大肉袋。冬天的海洋并不会比夏天寂寞。

这里是高加索山区

我们这里很神奇，几乎没有冬夏之分，夏里有冬，冬里有夏。

我们这里很高的山峰上常年冰雪覆盖，像卡兹别克山、厄尔布尔士山，它们直入云霄，甚至夏天灼热的太阳也拿那些山上的积雪和冰岩没办法。另外，在冬季我们这里的山峰像一堵屏障，挡住了从北方来的寒气。所以，即使在这个季节，我们的山谷里照样鲜花盛开；站在海岸上，照样可以看到汹涌澎湃的波涛。

冬天，野羚羊、野山羊、野绵羊会从山顶走到山腰，它们不会再往下走。冬天，即使山上已经下

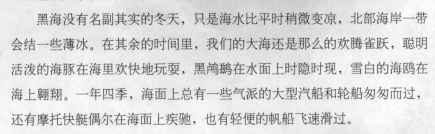

起了大雪，山谷中却仍然是温暖的雨。

　　我们把从果树园里刚刚采摘的橘子、橙子、柠檬交给国家。我们可以在美丽的花园里欣赏盛开着的玫瑰，观看蜜蜂嗡嗡地飞来飞去。在向阳的山坡上，第一批春天之花已经开放了，有白色带绿心儿的雪花，有黄色的蒲公英。在我们这儿，一年四季鲜花常开不败，母鸡一年四季都不间歇地下蛋。

　　冬天，我们这里的飞禽走兽也不需要远走高飞，不需要远离夏天居住过的地方，它们只需要从山顶移下来，到半山腰、山脚或者山谷里，就可以解决温饱问题了。

　　我们高加索地区吸引了许多远方的鸟儿来这里做客，它们就是那些为了躲避北方严寒而赶到这儿来的客人。我们高加索营救了多少难民，给予了它们多少温暖啊！

　　到我们这里做客的，有苍头燕雀、椋鸟、百灵、野鸭，还有长着长长嘴巴的钩嘴鹬。

　　尽管今天已经是冬至日，是一年之中白昼最短、黑夜最长的一天，可是，新年很快就要到来了。到那时，白天的阳光会更加灿烂，夜晚的星空会更加美丽。即使是现在，在我们这里，现在出门都不必穿大衣，穿上薄薄的外套就已经足够暖和了。我们欣赏着高耸入云、连绵起伏的群山。看！那细小的月牙儿悬挂在那万里无云的晴空上，那荡漾着的海浪正轻轻拍打着我们脚下的岩石。

通报结束

　　让我们再回到列宁格勒《森林报》编辑部。

　　看！在苏联全国各地，春夏秋冬四个季节是那么的不同！但这都是我们苏联的春夏秋冬，都是我们祖国的特征的一部分。

　　你不妨选择一处合意的去处，但不管你走到哪儿，也无论你在哪儿定居，所到之处都有它的美妙之处和独具匠心的设计。你还可以探索和发现祖国大好河山里那些新奇的景色与丰富的物产资源，从而建设更加美好的生活。

这是我们今年第四次，也是最后一次面向全国各地的无线电通报了。让我们明年再见吧！

 名家点拨

冬天到了，北冰洋极北群岛、顿巴斯草原、新西伯利亚大森林、卡拉库姆沙漠、高加索山区，还有黑海，每一个地区的风景都不一样。通过那个地区的人们的介绍，我们仿佛在本地导游的带领下，去每个地方都旅游了一番。这样的旅游方式还有一个好处——不用忍受严寒。

打靶场

射箭要射中靶子！
答案要对准题目！

第10次竞赛

1. 冬季从哪一天开始（按照日历）？这一天有什么特征？

2. 哪一种动物的脚印没有爪印？为什么？

3. 渔夫不喜欢哪几种野兽，虽然它们长着珍贵的毛皮？

4. 树木在冬天里是否依然生长？

5. 为什么猎人最重视初雪后的打猎？

6. 哪几种鸟儿钻到雪里过夜？

7. 冬天，猎人最适合穿什么颜色的衣服在田野和森林里打猎？

8. 为什么兔子跑的时候后脚印在前，前脚印在后？

9. 冬天，我们的候鸟飞到南方后是否依然要做巢？是否孵小鸟？

10. 下图雪上的脚印是什么动物的？

11. 我们的森林中哪一种鸟儿的眼睛生得靠近后脑？为什么？

12. 哪一种小野兽狐狸不爱吃，鸡貂也不爱吃？

13. 哪一种野兽的脚印像人的脚印？

14. 下面画的是一只被猎人打伤的鹿的脚印。照图看来，这鹿受了什么样的伤？

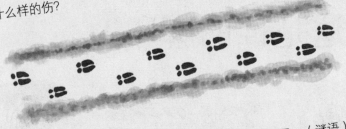

15. 一件大袍，空中飘摇，没襟没钮，谁也不要。（谜语）

16. 马儿不回家，只在荒野里嘶叫。（谜语）

17. 在雪地里飞奔，却没留下脚印。（谜语）

18. 门外的老头，看到温暖就逃走；自己不站着，也不让别人站着。（谜语）

19. 谁在河上造大桥，不用钉来钉，不用斧头凿，石墩无须造，木板用不着。（谜语）

20. 和金刚石一样纯净，但一点儿也不贵。从什么变的，还变回什么。（谜语）

21. 种进土里的是一小粒，钻出土来变成大馒头。（谜语）

22. 不用种，不用碾，泡在水里，压块石头，冬天没有菜，端上桌来一大盘。（谜语）

公告

"神眼"
称号竞赛

第9次测验

这是谁的脚印？

图1

图2

图3

图1：看！这是什么动物的脚印？

图2：兔子的脚印有两种：雪兔的和欧兔的。可是哪一种是雪兔的？哪一种是欧兔的？

图3：这是什么动物的脚印？

森林、田野、果园里的初级课本

只要你一边走，一边注意观察雪地上都留有哪种飞禽、哪种野兽的脚印，你就可以读懂伟大的白色"冬书"。

帮帮它们吧！

请关心一下那些流浪、饥饿的森林动物吧！

实在是太难了！冬天，那些鸟儿的日子太难过了！它们必须寻找一个能够躲避严寒、躲避冬天可怕的冷风的地方，否则就会被冻死了。

快来！快来！救命呀！

快点帮帮它们吧！

给小鸟造过夜的树洞吧！用云杉枝和稻草捆在田里给灰山鹑造小棚子吧！

或者为小鸟开设一个小食堂吧！

招待贵宾

山雀和䴓（shī）鸟很爱吃油，不过它们不喜欢吃很咸的东西，它们吃了咸东西，肚子就会痛。

谁要是邀请这些可爱的小鸟去家里做客，就可以欣赏它们了，同时在它们饥饿的时候喂喂它们，可以这么做：

拿一根小棒子，在小棒子上钻一排小洞，往小洞里灌熟猪油或熟牛油。等油凝固后，把小棒子挂在窗户外，最好挂在窗外的树上。

这些活泼快乐的小客人不会让主人等太久，而且，它们为了感谢主人的款待，还会表演各种小把戏给主人看呢！如在树枝上打转、头冲下翻跟头、向旁跳跃等。

森林报·冬

极度饥饿月

1月21日到2月20日　太阳走进水瓶宫

（冬季第2月）

No.11

一年：
12个月的太阳诗篇

——1月

用老百姓的话说：1月是从冬天到春天的转折点，也是一年的开端，是冬季的中心。

进入崭新的一年后，白天突然变长了，就像兔子跳起来，猛然向前一蹿似的。

白雪依然覆盖着大地、森林、江河湖泊，所有的一切，都仿佛进入了沉沉的睡眠中。

生命在遇到危险的时候，就会聪明地伪装死亡。此时，花草树木的生命迹象似乎都消失了，但它们只是暂时停止发育和生长，其实并没有真正死掉。

在死气沉沉的白雪覆盖下，其实蕴藏着强大的生命力，尤其是萌芽与绽放的力量。松树和云杉把它们的种子藏在结结实实像小拳头一般的球果里，保存得非常完整。

冷血动物也已经藏起来了，不再出来活动了。其实它们并没有死，连蟆蛾这样看起来脆弱的小生命也没有死，它们只是钻到不同的角落里去了。

鸟类的血液还很热，所以它们不会冬眠。还有像小老鼠等其他许多动

物，整个冬天都会奔来跑去忙个不停。
而酣眠在白雪覆盖的熊洞里的母熊，在
正月最寒冷的时候，竟然产下了一窝还
没来得及睁开眼睛的熊宝宝，虽然熊妈
妈已经整整一个冬天没吃什么东
西了，依然能够给熊宝宝们喂奶
吃，而且一直喂到春季来临，
这简直就是一个奇迹啊！

森林中的大事

名家导读

　　这个月，森林中又有哪些大事发生呢？我们来到了森林中，仔细地观察着这里居民的一举一动。森林里实在是太冷了，动物们都冻得浑身发颤；乌鸦发现了一匹死马，本以为可以饱食一顿，结果跑来了一群群"饿鬼"；那只莺雀胆子可真大，竟然跑进了森林记者的家里；交嘴鸟可真神奇啊，它死后尸体20年都不会腐烂……真是有太多的事要我们去了解啊。

林子里太冷了

　　刺骨的寒风在旷野中怒吼，在光秃秃的白桦树和白杨树间肆虐。冷风钻进了飞禽紧密的羽毛里，它们感到浑身发冷，毛骨发颤。

　　它们无法蹲在地上，也不能停在枝头，因为到处都是冰雪，小爪子被冻得很难受！它们必须要不停地奔跑、跳跃、飞翔，想尽一切办法让自己暖和起来。

　　谁要是有温暖、舒适的洞穴或巢，仓库里储备了丰富的粮食，那它的日子还是很滋润的。因为它可以吃饱喝足，把身子蜷成一团，呼呼睡大觉。

哪里有食物

只要把肚子填饱了，飞禽走兽就什么都不怕了。饱餐一顿会让它们从体内散发出很多热量，促使血液变得更暖和一些，全身的血管中流动着一股温暖的力量。皮下那层厚厚的脂肪，就是暖和的毛皮外套或羽绒服里最保暖的衬里。就算严寒能穿透毛皮和羽毛，也绝对穿不透皮下厚厚的脂肪层。

如果有丰富的食物，那么冬天一点儿也不可怕。可是，冬天里，该到哪里去找食物呢？

狐狸和狼在树林里窜来窜去，但林子里一片死寂，有的鸟兽躲到隐蔽的地方过冬了，另一些则飞到其他地方去了。白天，林子里只有乌鸦飞过；夜晚，在空中不停地徘徊的只有雕鸮，它们都在努力地觅食。可是，哪里有食物啊？

森林里的日子真是没法过啊！快饿死了啊！

一个接一个

忽然，一只乌鸦发现了一匹死马。

"呱！呱！呱！"一大群乌鸦闻声而来，想要落下来共进晚餐。

月亮刚刚升起来，夜幕已经降临。

突然，不知道是谁在林子里幽幽地叹了口气：

"呜咕……呜，呜……"

乌鸦被吓走了。只见林子里飞出来一只雕鸮，径直落在死马的身上。

它用嘴巴撕扯着马肉，耳朵不停地一抖一抖的，白眼皮飞快地眨呀眨呀。可是，正当它想美美地吃上一顿时，突然，雪地里传来了一阵脚步声。

雕鸮吓得赶忙飞到了树上。一只狐狸溜到了马尸跟前。

"咔嚓咔嚓"一阵牙齿嚼东西的声音，狐狸才刚刚吃了一点儿，一只狼跑了过来。

狐狸慌慌张张地逃进了灌木丛，狼扑到马尸上。它浑身的毛都直立着，小刀子似的牙齿使劲地撕起一块块马肉，吃得高兴极了，喉咙呼噜呼噜直响，掩盖了周围所有的声音。过了一会儿，它警觉地抬起头，咬紧牙齿，发出"咯咯"的尖响，好像在威胁着说："别过来！"接着，它又埋头大吃起来。

这时候，一声怪叫在它头顶响了起来，狼吓得赶紧夹着尾巴飞似的逃走了。

原来是森林里的霸主——熊，姗姗而来。

这下子，谁都别想再接近这顿美餐了。

夜幕下，熊饱餐一顿，终于打着哈欠走了。在一旁的那只狼一直夹紧尾巴，静静等着这一刻。

熊刚走，狼就飞奔到马尸旁。

狼吃饱了，狐狸又迫不及待地跑来了。

狐狸吃饱了，雕鸮又飞来了。

雕鸮吃饱了，乌鸦又飞拢来了。

这时候，天也快亮了，这一席免费的盛宴早已被吃得一干二净，只剩下一点儿残余的马骨在那里。

芽在哪里过冬

如今，一切植物都在沉睡状态中，它们都已经准备好迎接春天的到来，也准备好开始发芽了。

这些芽将在哪里度过冬天呢？

树木的嫩芽会悬在半空中过冬。各种草儿的芽，也纷纷选择了适合自己的过冬方法。

如繁缕，它的叶子到秋天就枯黄了，整棵植物好像死了似的。但是芽还活着，颜色是绿的，它们在枯茎的叶脉里过冬。

触须菊、石蚕草、卷耳，还有许多其他矮小的草，躲在积雪下保全了芽，自己也安然无恙，准备以绿色的盛装迎接春天的来临。

其他草儿的芽也有自己特有的过冬方法。

去年的艾蒿、牵牛花、草藤、金梅花和立金花，此时只剩下几近腐烂的茎儿和叶子，在地上什么也没留下。如果你细心观

阅读理解
即苍耳，分布广泛，是一种常见的灌木。其果实呈枣核形，上面有钩刺。

察，可以在紧挨地面的地方找到。

草莓、蒲公英、苜蓿、酸模和蓍（shī）草的嫩芽都会在地面上过冬，不过，这些嫩芽被一丛丛绿色的叶簇紧紧包围着。这些草本植物会在春天雪融之前就出土返青。还有许多与众不同的草，是利用自己的地下茎来保存嫩芽。像鹅掌草、铃兰、舞鹤草、柳穿鱼、狭叶柳叶菜、款冬等利用的是地下根茎；野大蒜、野葱等利用的是地下鳞茎；紫堇则利用的是地下块茎。

在这些地方过冬的都是陆地上的植物的芽，那些水生植物的芽，可以将自己深埋在池底或湖底的淤泥里睡个好觉。

胆大的荏（rěn）雀

在饥寒交迫的岁月里，林中的各种飞禽走兽都聚集到居民的住宅附近，在这里比较容易找到东西填饱肚子。

饥饿会使鸟兽们的胆子变大，就连胆小的林中居民，胆子也大了起来。

黑琴鸡和灰鹌鹑会悄悄地钻进打谷场和谷仓。欧兔则跑到村边的干草垛里大吃大嚼。有一天，我们的记者

打开自己住的小木屋的门，竟有一只莛雀从大门飞了进来。它身上的羽毛是黄色的，脸颊呈白色，胸脯上还有黑色花纹。只见它动作轻快地啄食餐桌上的食物屑，对人一点儿也不畏惧。

只见屋主人关上了门，那只莛雀随之成为他的小俘虏。

它就这样在小木屋里待了足足一个星期。没人理睬它，也没人喂东西给它吃，它却一天天长胖了。它从早到晚就在屋里找东西吃。它在屋角找到了蟋蟀，还搜寻藏在地板缝里的苍蝇，啄吃食物碎屑；晚上，它就睡在俄国式大火炕背面的缝隙里。

一周的时间，它把屋子里的苍蝇和蟑螂都消灭光了，于是又叼起了面包、书本、小盒子、软木塞什么的。不管是什么东西，只要进入它的视线，就会被它啄得面目全非。

这个时候，房主人只好打开屋门，把这位放肆的小客人撵了出去。

我和爸爸去打猎

大清早，爸爸带我去打猎。早上真的好冷啊！雪地上有很多脚印。爸爸说："这是刚刚踩的脚印，一定有一只兔子在离这里不远的地方。"

爸爸让我沿着脚印走，他守在原地。如果有人把兔子从它藏身的地方撵了出来，它往往会先在原地兜个大圈子，再沿着自己以前的脚印掉头跑掉。

我沿着脚印一直走。过了一会儿，我就把躲在一棵柳树下面的兔子给撵出来了。那只受了惊吓的兔子飞快地兜了个圈，然后踩着自己的脚印跑了回去。我焦急地等待着枪响，时间一分一秒地过去。突然，树林里传来一声枪响。我迅速地朝枪响的地方跑了过去，只见一只兔

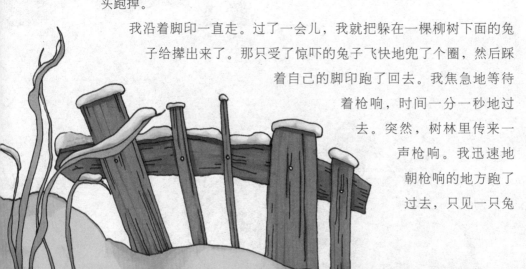

子躺在离爸爸大概十米远的地方。我高兴地上前捡起猎物，和爸爸提着这只兔子回家去了。

森林里来的强盗

这个时候，林中许多野鼠的粮仓里已经是空空的了。它们纷纷走出自己的洞穴，为的是躲避白鼬、伶鼬、鸡貂和其他肉食动物的侵袭。

皑皑白雪给大地和树林披上了银白色的盛装，这时候在森林里已经找不到什么吃的了。所以，成群饥饿的野鼠跑出了树林。人们的谷仓随时都面临着被打劫的危险，因此，要时时提防那些森林里跑出来的强盗！

伶鼬在追逐野鼠。可是伶鼬的数量太少了，它们不能消灭所有的野鼠。

看好你的粮仓，可千万不要让这些可恶的啮齿科动物把你的粮食偷走了！

神奇的交嘴鸟

现在，严寒的冬天折磨着所有的林中居民。森林中有这样一条法则：冬天要想尽办法逃避饥饿和寒冷的酷刑，要杜绝孵雏鸟的念头。要知道，夏天才是孵雏鸟的季节。那时候阳光明媚，气候宜人，食物充裕——所有的居民都能吃饱肚子。

如果有居民在冬天能找到充足的食物，就没有必要遵守这个法则了。

我们的记者在一棵高大的云杉上发现了一个鸟巢，里面躺着几枚小小的鸟蛋。这个小鸟巢就坐落在积满残雪的树权上。

第二天，记者又到那儿去了。那几天天气冷得要命，他们的鼻子都被冻得通红。他们往鸟巢里一看，里面已经有几只身子光秃秃的小雏鸟了。它们躺在巢里，眼睛都还没有睁开呢。

这是件多么奇怪的事啊！

其实这没什么好惊讶的。这是一对交嘴鸟夫妇做的巢，里面是它们刚刚孵出来的交嘴鸟宝宝。

交嘴鸟无论是寒冷还是饥饿都不怕。

在一年的任何时间里，你都可以在森林里看到交嘴鸟。它们一会儿从这棵树飞上那棵树，一会儿又从这片树林飞到那片树林，它们总是兴高采烈地互相招呼着，一年到头都居无定所：今天在这儿，也许明天就到了那儿。

到了春天，所有的禽鸟都寻找配偶，成双配对，然后夫妻俩选择一个地方定居下来，直到雏鸟出生。

这时，交嘴鸟仍然成群结队地满林子乱飞。它们无论在哪里，都不会停留太久。

在它们热闹的流浪鸟群里，整整一年都可以看到老鸟和小鸟在一起的景象，就好像它们的雏鸟是在空中飞行时出生似的。

在我们这里，这种鸟还有个名字叫"鹦鹉"。这是人们给它们的称呼，是因为它们跟鹦鹉长得很像，也有一身颜色鲜艳的服装；还因为它们像鹦鹉一样，能在细木杆上爬上爬下，像打着秋千一样转来转去。

雄交嘴鸟的羽毛大多是红色的，有深红也有浅红；而雌交嘴鸟和幼鸟的羽毛是绿色和黄色的。

交嘴鸟的嘴巴和爪子都很灵活，嘴也会叼起东西，爪子会抓东西。它们擅长头朝下，尾朝下，用小爪子抓紧上面的细树枝，用嘴巴咬住下面的细树枝，就那么倒悬在空中。

更为奇妙的是，交嘴鸟死后尸体可以很久不腐烂。老交嘴鸟的尸体甚至可以放上20年以上，还是栩栩如生，连一根羽毛都不会掉，跟木乃伊一样。

有趣的是，交嘴鸟的嘴巴长得很奇怪。除它以外，再没有其他什么生物长有那样的嘴巴了。交嘴鸟的嘴巴，上下两片交错着生长：上半片弯下去，下半片翘起来。交嘴鸟的本领全来源于这张奇怪的嘴巴，它所创造的那些奇迹，都能从这张奇怪的嘴巴上找到答案。

其实交嘴鸟在刚生下来的时候，跟其他鸟儿一样，嘴巴也是直直的。可等它长大了，就开始学啄食云杉和松树硬球果里藏着的种子。这时，它那柔软的嘴巴就慢慢变弯和上下交叉起来，并且从此以后都成了这副模样。这样的嘴巴成为交嘴鸟的一种优势，用交叉的弯嘴巴把球果里的种子钳出来，很方便。

如此一解释，就很明白了。

为什么交嘴鸟会终其一生在一片又一片树林里流浪呢？因为它们需要四处去寻找，看哪儿的球果结得最多最好。比如今年，我们这里获得了球果大丰收，交嘴鸟就到了我们这里。而明年，北方如果有什么地方球果结得多，交嘴鸟就会飞到那里去。

阅读理解
运用设问能吸引读者注意，引起读者思考。

这就是冬季里交嘴鸟仍然能在漫天风雪中欢快地唱歌，并且孵育雏鸟的原因。

因为在冬季，到处都是球果，它们没有理由不高兴、不孵育自己的宝宝。巢里暖暖和和的，里面铺满了绒毛、羽毛和柔软的兽毛。雌交嘴鸟产下蛋后，就暂时不会再离巢了。外出觅食的任务就只能交给雄交嘴鸟。

雌交嘴鸟只需要一动也不动地孵蛋，为了使蛋保持一定的温度，等雏鸟钻出蛋壳，雌交嘴鸟就把保存在嗉囊、已经被浸软的松子和云杉子吐出来喂给它们吃。幸好一年四季，松树和云杉上都有数不尽的球果。

不管当时是冬天还是春天，交嘴鸟一旦结为夫妻，就会随时

筑起鸟巢，生儿育女。每当这个时候，它们就会暂时离开鸟群。只待筑好巢，它们就会搬进去。等到雏鸟长大一点儿，这一大家子就会重新加入鸟群。

那么交嘴鸟死后，尸体不会腐烂是怎么回事呢？

原因就是它们终生都吃球果。在松子和云杉子上，有大量的松脂。有些老交嘴鸟吃了一辈子松子、云杉子，身体已经被松脂渗透了，就好像皮靴被柏油浸透了一样。这样等它们死后，尸体就不会腐烂了。

而埃及人就是在死人身上涂满松脂，这样尸体就变成了木乃伊。

狗熊的藏身之所

在一座小山坡上生长着密密麻麻的小云杉，狗熊就在这里。到了深秋时节，狗熊给自己选了一块地方。它用脚爪抓下许多窄长条的云杉树皮，拿到小山上一个坑里，然后铺上软绵绵的苔藓。它把坑周围的一些小云杉都啃倒了，让这些云杉把坑盖起来——像个小棚子，然后就钻进去踏踏实实地睡觉了。

可是，一个月还不到，猎狗就发现了它，它使出浑身力气才从猎人手底下逃脱。它想，直接睡在雪地上算了。但还是被猎人找到了，它再次侥幸逃走。

它第三次隐居起来。这次，它找的地方真不错啊，任何人都不会想到它躲在哪里。

春天到了，才真相大白：原来它在一棵高高的树上睡了一大觉。这棵经历过暴风雨洗礼的高大树木的树冠直指天空，在浓密树冠的中间，有一个空隙。这个空隙就像一个天然形成的洞穴。夏天的时候，大雕把干枝和软草铺在里面，孵完宝宝，后来就飞走了。冬天的时候，狗熊为了躲避猎人和猎狗的追捕，就爬到这个空中的"坑"里去了。

名家点拨

　　冬天，森林一片死气沉沉的，动物们都冻坏了，可是记者们还是找到了一些有趣的事，有些是我们连听都没听说过的奇闻。冬天虽然寒冷，但是动植物们是那么的坚强，它们为了生存和大自然做着斗争，真是不得不让人赞叹啊！

城市新闻

名家导读

　　冬天，城市也有许多好新闻需要我们去了解呢！好心的人们给挨饿受冻的鸟儿们办起了免费食堂；学校的同学们办起了生物角，那里的动物还真不少呢。

免费的食堂

　　鸟儿们每天都在挨饿受冻。

　　善良的城里人，在院子里或者在自家的窗台上，给它们开办了免费的食堂。有的把小块面包、牛油什么的用线拴起来，挂在窗台外。有的人干脆把盛着谷粒和面包屑的筐子摆在院子里。

　　荏雀、白颊鸟、青山雀以及许多其他的鸟儿，成群结队地来到这免费的食堂。黄雀和红雀也偶尔光临。

大自然生物角

　　现在，你无论去哪一所学校，都能看见学生们建的大自然生物角。生物角摆满了各种各样的罐子、笼子和箱子，里面养着各种各样的动物，这些都是孩子们夏天野游的时候逮的。这时候，孩子们可忙了，一边要填饱所有小动物的肚子，一边要按照每个小客人的习性和爱好为它们安排住

处，最后还得看好每一只小动物，以防它们逃跑。生物角的居民包括鸟儿、小野兽、蛇、蛙以及一些小昆虫。

在一个有生物角的学校里，我看见一些孩子正在写夏天日记，我这才明白，他们并不是随便抓动物来玩玩儿的，他们的行为很有意义。

6月7日，孩子们在日记本上写道："今天，我们贴出一张宣传单，希望大家把捉到的动物都交给值日生。"

6月10日，值日生记录道："啄木鸟是图拉斯带来的，蚯蚓是加甫里洛夫带来的，小甲虫是米龙诺夫带来的，瓢虫和生长在荨麻上的小甲壳虫是雅柯甫列夫带来的，包尔带来一只幼小的篱雀。"

日记上几乎每天都有这样的记录：

"6月25日，我们去池塘边玩耍，捉到了好多蜻蜓的幼虫，还有一些别的小昆虫，还有人找到一只我们非常需要的蝾螈。"

有的孩子还把他们抓到的动物做了一番详细的描述：

"我们抓到了好多水蝎子、松藻虫和青蛙。青蛙有四只脚，每只脚上分别长着四只脚趾。它的眼睛乌溜溜的，鼻子像两个小洞，它的耳朵很大，青蛙是对人类十分有益的朋友。"

冬天，孩子们还凑钱到商店里买了几种我们这里没有的小动物，比如说乌龟、金鱼、天竺鼠，还有些羽毛鲜艳的小鸟。每当走近生物角，你就能听到里面乱糟糟的吵闹声。有的在尖声叫嚷，有的在婉转地啼鸣，有的在轻轻地哼唧。有的小房客是毛茸茸的，有的则是光秃秃的，有的长满羽毛。总之，生物角就像个小型动物园。

孩子们还琢磨着交换动物呢。夏天到了，一所学校的学生捉到了许多鲫鱼，另一所学校的学生则养了很多兔子，多得都快放不下了。于是，两个学校的孩子进行了交换：四条鲫鱼换一只家兔。

低年级的学生都是这样做的。而年纪稍长的孩子，则建立了小组织，几乎每所学校都建立了"少年自然科学家"小组。

在列宁格勒的少年宫里，也有这样的一个小组。各个学校都会选派最棒的"少年自然科学家"参加到这个小组里。在那里，少年动物学家和少年植物学家们共同学习怎样观察和猎捕动物，怎样照顾逮到的动物，怎样制作动物标本，以及怎样采集和制作植物标本。

一整个学年里，小组组员们常常一起到城外许多地方去野游。到了夏天，小组全体组员集体到离列宁格勒很远的地方去郊游。他们要在那里住上整整一个月，每个人都有自己的分工：植物学组组员负责采集植物标本；哺乳动物学组组员负责捉老鼠、刺猬、小兔子、鼩鼱和其他小野兽；鸟类学组组员则负责找到鸟巢，观察鸟儿的生活习性；爬虫类学组组员则去抓青蛙、蛇、蜥蜴和蝾螈；水族学组组员捕鱼类和一切水生的动物；昆虫学组组员负责抓蝴蝶、甲虫，研究蜜蜂、黄蜂、蚂蚁等。

少年自然科学小组的小学者们，还在学校开辟了实验园地和种植树木的苗圃。他们在自己的苗圃里，常常能收获不少劳动的果实。

小学者们还把自己的观察和工作详细记录下来，写成了日记。

他们冒着风雨，踏着晨露，忍着酷暑，从事着观察和研究工作。田野、牧场、河流、湖泊、森林里的各种生命活动，乃至于一年四季的农事，都逃不过这些从小就热衷于研究自然科学的孩子们关注的眼睛。他们努力研究着我国丰富多彩的生物资源。

在我国，无数未来的科学家们正在茁壮成长。

我和树一样大

今年我12岁了。在我所在城市的大街上有一些槭树，我和它们一样大，因为它们是少年自然科学家在我出生那天栽的。

你们看呐：槭树现在已经有我身高的两倍高了！

名家点拨

　　通常我们会把大自然和城市分开，这一章告诉我们，其实自然和城市是有很大关联的，是分不开的。城市里的很多人都意识到了要保护大自然的重要性。不管是城里人还是农村人，我们都要加入到保护环境、保护动物、保护植物的行列中来。

祝你钩钩永不落空

开年的第一个月，还是寒冷的冬天呢，我们上哪儿去钓鱼呢？那些喜欢钓鱼的人，要怎样才能钓到鱼呢？要钓到鱼，一定要知道鱼儿都藏在哪里。要用什么样的方法钓鱼呢，不同的鱼需要不同的方法哦！下面，跟着钓鱼者去钓鱼吧！

冬天还有人在钓鱼呢！这可真是太奇妙了！

冬天钓鱼的人还真不少！在冬天，鲫鱼、冬穴鱼、鲤鱼都懒洋洋的，早就冬眠了，可并非所有的鱼都是这样的。很多种鱼，都只在三九天的时节才睡觉。山鲶鱼一冬都不睡，甚至在冬天还会产下鱼子，在一月、二月里产卵。法国人有句俗语："睡觉睡觉，不吃也不饿。"不睡觉的，自然是要吃东西的。

用鱼钩钓冰下的鲈鱼往往会大有收获。可是寻找鲈鱼聚居的地方，是一件很难的事。在陌生的江河、湖泊里钓鱼时，有一些标记是可供参考的。位置大概确定之后，就在冰上凿几个小窟窿，先试试鱼是不是把鱼食吃了。

想判断冰下面究竟有没有鱼，可以识别这样一些标记：

在又高又陡的河岸上，一条弯弯曲曲的河里，河中央一般会有个很深的坑，这样，当天气转冷的时候，鲈鱼们就会一群一群地游到这个坑里来避寒。或者，在那种有清澈的途经丛林的溪水流进去的湖水或河水里，一般在湖口或河口附近比较低一点儿的地方会形成一个坑，那里也是鱼类喜

欢过冬的地方。芦苇通常都生长在湖或小河水浅的地方，那些自然形成的凹坑一般都在芦苇丛的外围。鱼儿们一般就是选择在那样的深坑里度过冬天。

冬天，在这里钓鱼的人们，会用镶木把的铁棍在冰面上凿出一个直径为20厘米～25厘米的小窟窿来，再把鱼形钓钩放进凿好的冰洞里，先把它垂直，直到钓钩探到水底，估计一下深度，然后开始用一整套熟练利落的动作不断地上下拉动钓钩，不过往下放的时候，不能再垂到水底了。小鱼形钓钩在水里面一闪一闪的，看起来就好像一条活鱼似的，它逗引着鲈鱼来吃。贪心的鲈鱼很怕这条可口的小鱼从嘴边溜掉，当然一下子就扑了过去，就这样把假小鱼连同钓钩一起吞到肚里，变成了钓鱼人的可口晚餐。如果某一个地方的鱼不上钩，钓鱼人就会换地方，到别处再去凿一个新的冰窟窿，继续做同样的工作。

被叫做"夜游神"的山鲶鱼，跟鲈鱼不一样。要用另一种冰下捕鱼的工具，才能对付得了它们。这种所谓的特别的冰下捕鱼工具，就是一种小小的像网一样的工具。钓鱼人先找一根大绳子，在上面系上3～5根线绳（或棕绳），线绳之间间隔约70厘米，在线绳的末端拴上鱼钩。钓钩上挂着鱼饵，这些鱼饵可能是条小鱼，或者一小块鱼肉，又或者是条山鲶鱼们喜欢吃的蚯蚓。大绳子的尽头拴上个有点儿重量的坠子，把坠子顺着冰窟窿一扔，就可以一直垂到水底。在冰面下的水流里，这些挂上新鲜鱼饵的小钓钩，一个个诱人地摆动着，像一道道白送的美餐，在大绳子的上端再拴上一根棍儿，把棍儿架在冰窟窿上，等棍儿冻结在冰面上以后，这时候钓鱼人就可以放心地离开了。第二天早晨，他们就可以来取收获的鱼儿了。

钓山鲶鱼的好处是：不用像钓鲈鱼那样，在河上等待很长时间，挨冻受累。第二天早晨，来到冰窟窿前，提起露在外面的棍儿就能看到，绳子上已经吊着一条很长的大鱼了——浑身都黏糊

阅读理解

山鲶鱼又称江鳕，分布于北纬40度以北，是著名的淡水鱼类，喜栖居于水质清澈的沙底或有水草生长的河湾等处。

糊的，身上的斑纹跟老虎的一样，身子两侧扁扁的，下巴上还长着根须子，这就是山鲶鱼。

名家点拨

冬天也可以钓鱼？真是不可思议啊！我们可以在结冰的湖面上钓鱼，而且不同的鱼有不同的方法哦！人类的智慧真是无穷无尽啊，竟然想到了如此巧妙的钓鱼方法，真是大开眼界。

狩 猎

名家导读

　　冬季的第二个月，到处都已经是白茫茫的一片了。寒冷的天气，迫使动物们的取食和保暖变得异常困难。猎人们又要打猎了，这个时候，猎人们会怎样利用现在的环境，用什么样的方式来打猎呢？

　　冬天是打狼、熊等大猛兽的好时机。

　　冬天快结束时，也是一年中森林里饥荒闹得最严重的时候。饥饿极了的狼的胆子变得异常的大，它们甚至敢在村庄的附近成群结队到处徘徊，因为它们要寻找食物。对于熊，有的躺在洞里睡大觉，有的则在森林里肆无忌惮地游荡。深秋时，有些"游荡熊"曾经专靠啃尸体、拖家畜打发日子，这是因为在它们还没来得及做好冬眠的准备的时候，冬天就来了，所以如今它们就只好在外面胡乱游荡。而另一些则是在冬眠的过程中受到惊扰逃出来的熊，它们也会在外面游荡，不敢回到它们的旧洞里去，可是又不想重新给自己做个窝。

　　猎"游荡熊"的时候，一定要穿上滑雪板，带上猎狗。当猎狗在深雪里的时候，它会穷追不舍，到直追上为止。穿着滑雪板的猎人就要紧跟在猎狗的后面，伺机行事。

　　对于猎猛兽，它可不像打飞禽那么简单，一些意想不到的事情经常会发生。有时猎人已经猎到了猛兽，可是却让猛兽给咬伤了，这种事情在我们这儿也曾经发生过。

带着猪崽打狼

在深更半夜的时候，一个人到荒郊野外打猎是一件非常危险的事情，很少有人敢在深夜时孤身一人走进森林。

但是，有一天，却出现了一个如此大胆的人。在一个月朗星稀的夜晚，一个人赶着马拉雪橇就悄悄出了村子。在他的雪橇上还载着一只大大的麻袋，里面装着一只猪崽。常常会有狼在村子的周围出没，最近村里的农民总是不停地向他抱怨，竟然会有如此胆大妄为的狼，敢闯到村子里面来。

这个人很快便偏离大路，赶着他的雪橇，沿着森林边缘，向荒地驶去。

他的一只手握紧缰绳，另一只手还时不时地扯两下猪崽的耳朵。猪崽的四只脚被捆着，整个躺在麻袋里面，麻袋的外面只露出

阅读理解

"但是"，笔锋一转，将事情的进展带入到一个新的情况，也为后来猎人的不幸遭遇埋下了伏笔。

它的大脑袋。猎人之所以要带上猪崽，是因为他想利用猪崽的尖叫声把狼给引出来。猪崽的耳朵非常的娇嫩，只要被人轻轻一扯它就会撒欢地叫唤。

果然是这样，他没有失望，只过了不大一会儿的工夫，这个人就看到，在林子里面好像亮起了一盏盏绿莹莹的小灯泡。小灯泡在黑黝黝的树干间不规则地一会儿移到这儿，一会儿移到那儿。这正是那些狼的眼睛在放光。

马非常的敏感，它害怕得大声嘶叫起来，随后便向前狂奔。这个人费了好大的力气才用一只手勒住马的缰绳，另一只手还得继续揪扯猪崽的耳朵。要知道，狼再胆大也不敢往他的雪橇上面扑，因为上面还坐着人。只是猪崽的叫声可以使狼忘掉它们的恐惧，嫩嫩的小猪肉是多么诱人呀！要是有一只小猪崽在狼的耳朵边叫，狼一定会把所有的危险都丢到九霄云外的！

狼看清楚了：一只大麻袋，被一根长绳拴着，拖在雪橇后面，在坑坑洼洼的地上一起一落地蹦跳着。麻袋里装满了干草和小猪粪，但是狼以为这里装的就是小猪，因为它们听见了猪崽的尖叫声，还闻到了猪崽的气味。

于是，狼们便甘愿为美味的猪崽冒点儿险，它们便从林子里一齐蹿了出来，向雪橇扑了过去，一共是六只、七只……啊！一共有八只壮壮实实的大狼呢！

在这空旷的田野里，从猎人的角度来看，这些狼的个儿非常大。皎洁的月光照射在狼的身上，映得它们本来就油光锃亮的毛更加的耀眼，使得它们看起来比实际上要大很多。

猎人这个时候便放了猪崽的耳朵，迅速地抓起枪。跑在最前面的那只狼，已经追上那个跳动着的装着干草的麻袋了。猎人便用枪瞄准狼的肩胛骨下面，扣动他的扳机。只见那只狼在雪地上翻滚着，猎人随即用另一个枪筒向第二只开了枪。就在这个时候，马猛地向前一冲，结果这一枪打空了。

阅读理解
这一段的描写预示着狼马上就要上当了，看来猎人的计谋就要成功了。

猎人赶紧用他的双手抓住缰绳，拼命地把马给勒住。可是那些狼已经钻进了树林，跑得无影无踪了，只剩下一只躺在地上，正做垂死挣扎，胡乱地用后脚刨着雪。这个时候，猎人已经把马完全勒住了，他把枪和猪崽留在了雪橇上，自己去捡死狼。

在那天夜里，发生了一件奇怪的事情：猎人的马竟然自个儿给跑回来了，在他的雪橇上面，有一杆没装子弹的双筒枪和一只捆着的猪崽，猪崽还在尖叫着，可是猎人却不见了踪影。

等到天亮以后，村子里的人都到田野里去寻找猎人，等到他们看到了雪地上的痕迹，就明白了昨天夜里究竟发生了什么事。

事情的经过应该是这样的：

当晚，猎人把打死的狼扛在肩上，便朝雪橇走去。当他快走到雪橇跟前的时候，马突然闻到身后有一股狼的血腥味儿，便吓得浑身战栗，不顾一切地向前冲，飞快地跑掉了。

猎人背着一只死狼，就这样被留在了田野里，落了单。当时，他身上连把刀都没有，枪也留在了雪橇上。

这个时候，逃跑的狼渐渐地镇定了下来，它们又从森林里跑出来，于是猎人便被它们给包围了。

农民们在雪地上找到了人的骨头和狼的骨头。看来，那群穷凶极恶的狼竟然把死掉的同伴一块儿给吃掉了。

上面所叙述的不幸事件发生在60年前。从那个时候起，再也没有发生过狼吃人的事。狼，如果当时既没发狂，也没受到伤害，就算是看见没带枪的人，也一样会感到害怕。

深入熊洞

有一次，一个猎人在猎熊时，发生了一件很不幸的事。

一个森林守卫员发现了一个熊洞，于是他就从城里请来了一

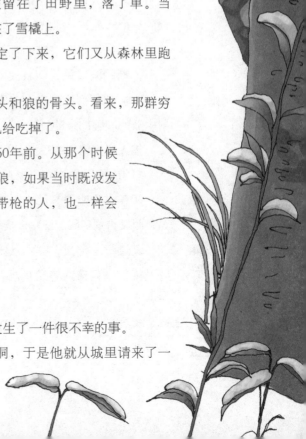

位猎人，猎人还带来了两只北极犬，蹑手蹑脚地走到守卫员指给他的一个雪堆前，熊就安然地睡在雪堆的下面。

猎人按照平时打猎的规矩，在雪堆的一边站定下来。一般情况下，熊的洞口总是朝着太阳升起的方向，当熊从雪底下蹿出来时，总会向一旁闪过去。对于猎人站的地方，正是恰好可以举枪射中熊的心脏部位的位置。

猎人躲到雪堆的后面，放开了两只猎狗。

当猎狗闻到野兽的气味的时候，就会疯狂地向雪堆猛扑。

两条猎狗叫得是那么大声，那么凶狠，熊一定会被吵醒。可是，两只猎狗朝熊洞疯狂地吠了半天，里面却一点儿动静也没有。

又过了一会儿，突然从雪堆里伸出一只大黑脚掌，长着长长的趾甲。一只猎狗差点儿被它抓住，猎狗惊叫一声，慌忙地躲到了一边。

接着，熊猛地从雪堆里蹿了出来，就像一座乌黑的小山似的。这一次，十分意外——它并没有向一旁闪身，而是直接朝猎

阅读理解
运用比喻的修辞手法，将熊比喻为乌黑的小黑山，形象地说明了熊身体的庞大。

人的方向扑了过来。

熊的脑袋耷拉下来，遮住了它的胸脯。

猎人本能地向它开了一枪。

子弹射中了熊结实的前额，但是熊的前额非常坚硬，子弹没射进去而是向一旁飞去，那畜生脑门上生生挨了这么重的一下子，便立刻给激怒了。只见它像发疯了似的，猛地把猎人掀翻在地上，然后又把他压在了自己的身下。

两只猎狗拼命地咬住熊的屁股，撕扯着它厚厚的皮毛，可这些全都是徒劳的。

森林守卫员也被他所看到的这一幕给吓坏了，他一边撕心裂肺地喊着救命，一边挥舞手里的猎枪，然而这一切也是徒劳的。谁都知道，这时绝不能开枪，因为熊和人离得这么近，子弹很有可能打不到熊，却打在了猎人身上。

只见熊用它那厚实得有点儿可怕的大脚掌使劲一抓，猎人的帽子连同头发和头皮都一起被撕扯了下来。

接着，它突然向旁边一歪，疯狂地在雪地上翻滚起来，雪地便很快就被它染成了红色。原来猎人虽然受了伤，却并没慌神儿。他不知什么时候拔出了佩刀，迅速地戳进了熊的肚皮。

猎人的命终于保住了，此后，那张熊皮就挂在了他的床头。只是现在在猎人的头上，总要围上一条暖和的头巾。

发现熊洞

1月27日，塞索伊奇从森林里出来，他没有回家，而是径直到邻近的集体农庄去了。他是到邮局去拍电报，拍给列宁格勒的一位朋友——一位医生，也是个猎熊专家。电报上这么说："发现熊洞。速来。"第二天，回电来了，说："2月1日，我们三人准到。"

在这期间，塞索伊奇天天去察看熊洞。熊睡得正香。洞前的小灌木上，每天都会结有一层新鲜的霜花——这是熊呼出来的热气结成的。

1月30日，在塞索伊奇察看过熊洞之后，他在路上遇见集体农庄的猎人安德烈和谢尔盖。这两个年轻的猎人是要到森林里面去猎灰鼠。塞索伊奇想警告他们，不要到有熊洞的那块地方去。但他又转念一想，就改变了主意：小伙子年纪轻轻的，好奇心都强，他们要是知道了，说不定反而更想去看看熊洞，逗逗熊呢。于是他就没有言语。

31日早晨，他又来到熊洞旁察看的时候，不由得惊叫起来：熊洞给捣毁了，熊也跑了！在离熊洞50来步远的地方，有一棵松树倒在了地上，大概是谢尔盖和安德烈把灰鼠打死在了树上，死灰鼠给树枝挂住了，掉不下来，因此他们就把松树给砍倒了。熊被吵醒，跑掉了。

两个猎人的滑雪板的滑道，向砍倒的松树这一边通去；从洞里面跑出来的熊脚印，向砍倒的松树那一边通去。幸亏熊在茂密的小云杉林后，没有被他们看到，他们没有去追。

塞索伊奇一刻也没耽搁，就立刻顺着熊的脚印追去。

在第二天晚上，来了三个列宁格勒人。一位医生、一位上校——是塞索伊奇认得的。还有一个人，举止庄重，身材魁伟，鼻子下面有两撇乌黑油亮的胡须，而下巴上的胡子则修剪得很整

阅读理解

熊洞被捣毁了，接下来会怎样呢？作者在此给读者留下了悬念，为后来围猎的出现埋下了伏笔，做了铺垫。

齐。塞索伊奇乍一见他时，就不大喜欢他。

"瞧他那副油光水滑的神气，"小个子猎人一面打量那人，一面心里想道，"看样子年纪不轻啦，可还是红光满面的，胸脯也挺得像公鸡。哪怕有一根白头发丝儿，也叫人瞅着服气啊！"塞索伊奇感到顶不愉快的，是因为要在这位庄严的城里人面前承认自己的疏忽——没看好那只熊，放它出了洞，错过了好机会。他说，熊现在躲藏的那片小树林已经找到了，没有出树林的脚印。当然，这会儿它一定是躺在雪上了。现在只有用围猎的办法去包抄它了。

那个庄重的陌生人在听到这消息后，表示瞧不起地皱了皱眉头，他什么也没说，只问了声："那只熊大不大？"

"脚印子可不小，"塞索伊奇说，"我敢保证那家伙至少有200千克。"

庄重的陌生人听了，就耸着他那平得跟身体几乎形成十字架的肩膀，连瞧都不瞧塞索伊奇一眼，说：

"说的是请我们来掏熊洞，结果是围猎。围猎的人会不会把熊往开枪人跟前撵，还是个问题呢！"

这句轻侮人的话，刺痛了小个子猎人。不过，他没有吱声，只在心中暗暗想："撵是会撵的，我看你可得留点儿神，别叫狗熊把你这一脸的傲气给撵跑了！"

他们开始讨论围猎的计划。塞索伊奇提醒他们：打这样大的野兽，在每一个猎人的后头，都应该跟个后备射手。

那个骄傲自大的人对此表示不赞成，他说："谁要是不相信自己的枪法，那就不应该去猎熊。打猎的背后还要跟个保镖，像话吗？"

"好大胆的汉子！"塞索伊奇心里暗想。

但在这当口上，上校却直截了当地说："小心，是总不会有错的，有个后备的射手并不会碍什么事。"医生对此也表示同意。

那个目空一切的人瞅了他们一眼，一脸瞧不起的样子，又耸了耸他的肩，说："你们胆儿小，就听你们的吧！"

第二天早晨，天还没亮，塞索伊奇就叫醒三个猎人，然后去召集赶围的人。

等他回到小木房的时候，那个大模大样的人正从一个绿丝绒面的小提箱里面，取出两管枪来。这只小提箱灵巧轻便，倒像个一般人用来装提琴的匣子。塞索伊奇的眼睛都亮了：这么好的枪，他还没有见过呢！

那个大模大样的人把枪收拾好，然后又从提箱里取出亮晶晶的弹筒，里面装着钝头的和尖头的枪弹。他一面摆弄着这些东西，一面跟医生和上校讲，他的枪有多么精致，枪弹有多么厉害；他在高加索怎样打野猪，在远东怎样猎老虎。

塞索伊奇虽然不动声色，可心里觉得自己的矮身量又短了一截似的。他实在想挨近一点儿，好好地瞧瞧这两管好枪，可到底也没敢张嘴要求人家把枪递给他。

天蒙蒙亮的时候，打集体农庄里面出来了一长队的载重雪橇，向树林里进发。塞索伊奇坐在前面的雪橇上，后面是40个赶围人，三位客人在最后头。

等到了离熊躲着的小树林有一千米路的时候，全队就停了下来。猎人们进了一个小土房，生火取暖。

塞索伊奇穿着滑雪板去侦察了一番，然后布置赶围的人。

一切好像都妥妥当当的，熊没有跑出包围圈。

塞索伊奇叫呐喊的人排成一个半圆形，先站到小树林的一面，不呐喊的人站到包围圈的左右翼。

围猎熊和围猎兔子可不一样。呐喊的人并不进到林子里面包抄，在打猎的全部过程中，老站在一个地方。不呐喊的人，站在林子的两侧，从呐喊的人站的地方起，一直站到狙击线——为的是万一熊被呐喊的人赶出来的时候，不往前窜，而是折向一旁去。他们不能呐喊，如果熊朝他们跑过来，他们只能脱下帽子向它挥舞。光这么做，也就足以把熊往狙击线那边撵了。

在塞索伊奇布置好了赶围的人之后，才跑到猎人们那里去，领他们站到拦击的地点。

拦击的地点有三个，彼此之间的距离是25～30步。小个子猎人得把熊撵到这条只有100来步宽的、窄窄的通道上来。

塞索伊奇让医生站到第一号拦击点上，让上校站到第三号拦击点上，让那个大模大样的城里人站到中间的（也就是第二个）拦击点上。这里有熊进入树林的脚印。熊从躲藏的地方出来的时候，大半是顺着自己原来的脚印走的。

年轻的猎人安德烈，站在摆大架子的城里人的后面。之所以选中了他，是因为他比谢尔盖有经验，而且沉得住气。

安德烈充当后备射手，只有在野兽突破狙击线，或者扑上了猎人时，他才有权开枪。

所有的射手都穿着灰罩衫。塞索伊奇对他们下了最后的命令：不要谈笑，不要吸烟。赶围的人开始呐喊时，别动也别响，要尽可能放那只熊走近一些。塞索伊奇吩咐完这些话，就跑到赶围的人那里去了。

过了半个钟头，这半个钟头真是令猎人感到难以忍受。

后来，好不容易传来了猎人的号角声，这两声号角拖得时间很长，声音厚重，一下子就传遍了满是积雪的树林。号角声停下之后，那条音就好像浮荡在冻结的空气中，久久不散。

短短的一分钟的寂静，然后突然间赶围的人一齐呐喊起来了，叫的叫，嚷的嚷，谁能怎么吵，就怎么吵。有的用低音呜呜地像拉汽笛，有的汪汪地学狗叫，有的喵喵地像猫打架。

塞索伊奇吹完号角，和谢尔盖一起踏着滑雪板，飞也似的向树林里滑去——撵熊。

围猎熊和猎兔子还有不同的地方，那就是除了呐喊的和不呐喊的赶围人之外，还需要有撵熊的人。撵熊的人得把熊从它躲藏的地方撵出来，让它朝射手跑去。

塞索伊奇从脚印上看出来：熊很大。但是，等到一个乌黑蓬松的

大熊脊背出现在小云杉上面的时候，小个子猎人还是打了个哆嗦，糊里糊涂朝天开了一枪，跟谢尔盖两人异口同声地喊叫起来：

"来啦！来——啦！"

这准备的时间比较长，真正打猎的时候却非常短。但是由于等待的时间长，而且在等待时，时刻感觉危险将要来临，所以打这种猎的时候，射手们总是觉得一分钟就像是一小时一样长。老站在拦击点不动弹，直到看见熊，或者听到旁边的射手放了一枪，于是明白一切都完结了，用不着你动手了，那才叫活受罪呢！

塞索伊奇跟在熊后面紧追，拼命想撵它拐弯，让它往预设好的地方跑，但是他白费劲儿了——要追上熊，是不可能的。在那些地方，人要是不穿滑雪板，在深雪里走一步就得陷一步，一直陷到腰际，费好大的劲儿才能把脚拔出来。可是熊走起来就像坦克，一路上把灌木和小树什么的，撞得东倒西歪。它那前进的速度，又像是一只汽艇，只见两旁扬起两片老高老高的雪尘，像两扇大白翅膀似的。

熊从小个子猎人的视野里消失了。但是，没过两分钟，塞索伊奇听到了枪声。

塞索伊奇用手抓住离他最近的一棵树，才把脚下那双滑得飞快的滑雪板停住。

围猎结束了吗？熊被打死了吗？

这个时候，响起了第二枪，接着是一阵凄惨的叫声，痛苦与恐怖的叫声，好像是他心中的疑问的答案。

塞索伊奇拼命地向前，向射手们那儿滑去：

他跑到当中那个拦击点的时候，上校、安德烈和脸色苍白得跟雪一样的医生，正抓着熊皮，把熊从躺在雪里的第三个猎人的身上抬起来。

原来事情的经过是这样的：

熊顺着自己进树林的时候的脚印跑，直奔当中的拦击点。本来是应该等熊跑到离拦击点10～15步远时才开枪，可是猎人沉不住气了，在熊离他还有60步远的地方，就开了枪。这么大的野兽，看起来身体很笨拙，实际上跑起来快得出奇，所以，只有在离得很近的情况下开枪，才能打中它的头或心脏。

而从猎人的好枪里打出去的达姆弹，只打穿了熊的左后腿。熊痛得发起狂来，向开枪的人身上扑了过去。

猎人慌了神儿，竟忘记枪膛里还有一粒子弹，也忘记了自己身边还有一管备用的枪，把枪一扔，转身就要跑。

熊使出了它浑身的气力，看准欺负它的那个人的脊背，就是一巴掌，把他掀倒在了雪里。

安德烈——那个后备射手——可没白瞪眼，他把自己的双筒枪，一直杵进野兽张开的嘴巴里面，双机齐扳。

哪知双筒枪没有发火，只轻轻地响了一下。

这些，站在旁边的（第三个）拦击点上的上校全都看见了。他看到他的同伴死到临头，自己必须打枪了。但他也知道，要是打得不准，就会打死自己的同伴。上校跪下一条腿，瞄准熊的头就是一枪。

那只巨大的熊，挺起它的整个上半身，在空中僵了一小会儿，然后突然像座小山似的，倒在了躺在它脚下的人身上。

原来上校的枪弹，打穿了熊的太阳穴，立时就叫它毙了命。

医生也跑了过来。他跟安德烈和上校一起，抓住打死的熊，想把它挪开，把它身子底下的猎人给救出来——这会儿还不知道那猎人是死是活呢！

这当口上，塞索伊奇赶到了，便急急奔过去帮忙。

沉重的兽尸给挪开了，大家把猎人搀了出来。猎人还活着，安然无恙，虽然脸色白得像死人似的。熊还没来得及揭去他的头皮。但是，这会儿这个城里人已不敢正眼瞧人了。

大家把他载上了雪橇，送到了集体农庄。他在那里稍稍定了定惊魂，竟把熊皮据为己有，拿了熊皮就上车站去了，不管医生怎样劝他住一宿，劝他好好休息休息再上路，他也不听。

"是呀！"塞索伊奇讲完这件事，又若有所思地加了这么几句，"这一下，我们可真失算了：不应该叫他把熊皮拿走的。这会儿他准是在到处夸口，说给我们这里打熊除害来着。那只熊快有300千克哩，真是个吓人的大家伙！"

本报特约通讯员

名家点拨

作者的介绍使我们了解了在1月份的时候猎人们外出打猎的情况，从中我们也知道了这个时候是打像狼、熊这样大的猛兽的最好的时机。

打靶场

射箭要射中靶子！
答案要对准题目！

第11次竞赛

1. 哪一种野兽比较怕冷——大野兽还是小野兽？

2. 躺到洞里去冬眠的，是瘦熊，还是肥熊？

3. 常言说"狼靠四条腿活命"——这是什么意思？

4. 为什么冬天砍的木柴比夏天砍的木柴值钱？

5. 为什么所有的猫科动物（包括家猫、野猫和猞猁）都比犬科动物（包括狼和狐狸）爱干净得多？

6. 为什么一到冬天，有许多飞禽走兽就离开树林，向有人居住的地方挤？

7. 是不是所有的秃鼻乌鸦都离开我们这儿，飞到别处去过冬？

8. 癞蛤蟆冬天吃什么？

9. 哪一种熊，人们管它们叫做"游荡熊"？

10. 蝙蝠飞到哪儿去过冬？

11. 冬天，是不是所有的兔子都是白的？

12. 哪一种鸟，雌鸟比雄鸟身大力强？

13. 交嘴鸟的尸体，就是在热天，也长期不腐烂，为什么？

14. 一个木桩矮又矮，戴顶帽子白又白。这顶帽子不是毛毡做，不是用线缝，不是市上买。（谜语）

15. 别看我和沙粒一样小，我却能把大地盖牢。（谜语）

16. 冬天大门一开，圆的东西滚进来，抓也抓不起，拾也拾不着。（谜语）

17. 夏天东游西游，冬天家里躺躺。（谜语）

18. 猪大嫂，手真巧，拈根麻线做活计，穿过牛大哥的皮板，缠住羊小弟的毛绒袄，做出两件东西，给人穿上走道。（谜语）

19. 一个大汉，带个汪汪叫的，去找呜呜咬的。要不是汪汪叫的，大汉就会被呜呜咬的咬。（谜语）

20．一位美姑娘，红脸红衣裳。关在地牢里，辫子翘在大街上。（谜语）

21．一位胖老太太，坐在泥里发呆。衣服上补丁足有几十层，有的绿来有的白。（谜语）

22. 不用缝来不用裁，衣上褶边自来带。几十件斗篷裹得严，不用扣来不系带。（谜语）

23.圆圆的，不是月亮；有绿叶，不是大树；有尾巴，不是老鼠。（谜语）

公告

别忘了那些无依无靠、受冻挨饿的朋友！

难熬、暴风雪冻得死人的月份里，别忘了我们那些弱小的朋友——鸟儿。

每天要把一些食物送到鸟儿的免费食堂去。

要给小鸟儿们布置几个小小的旅馆：椋鸟房、山雀巢、树洞式巢什么的。

要给灰山鹑搭几个小棚子。

要在你们的同学和朋友之间，组织起饿鸟救济队。

有的人拿出谷物，有的人拿出牛油，有的人拿出浆果，有的人拿出面包屑，有的人甚至可以找来蚂蚁卵。

小小的鸟儿能吃多少东西呢？

你能够救多少鸟儿，使它们免于饿死呀！

森林报·冬

忍受残冬月

2月21日到3月20日　太阳走进双鱼宫

（冬季第3月）

No.12

一年：
12个月的太阳诗篇

——2月

2月——是冬蛰月。2月，狂风吹雪尽情游荡。风，在雪地上奔驰，却不见它留下足迹。

现在是冬季的最后一个月，也是最可怕的一个月。现在是饥饿的难熬月，是公狼母狼的结婚月，是恶狼偷袭村庄和小城镇月——它们把狗呀、羊呀都拖去填肚皮，它们每天夜里都会钻到羊圈里去抢劫。所有的野兽都在消瘦。秋天养的膘，已不能再给予它们热量，不能再供给它们营养。小野兽的洞里面，地下仓库的存粮，也快要被吃完了。

白雪，本来是帮助保温的朋友，现在对于许多野兽来说，却变成了催命的敌人。树枝，经不起厚雪的重压而折断了。只有野生的鸡

类——山鹑、榛鸡、琴鸡什么的——喜欢深雪，它们连头带尾巴一起钻进了深雪里去过夜，多么安全舒服呀！

糟糕的是有时白天日晒雪融，夜晚寒气又袭来，在雪面上冻起一层冰壳。那个时候，在太阳晒化冰壳以前，任凭你把脑袋撞扁了，也休想从冰屋下钻出来！

狂风雪吹呀，吹个不停；段路的二月天，把走雪橇的大道掩埋起来了。

熬得过吗

名家导读

二月份是一年中最冷的时候，风呼啸着，天气冷得可怕。动物们都在忍受着这鬼天气肆虐的煎熬，有谁在这个时候不期盼着它早点结束呢？可是，你熬得过这个时间吗？有哪些动物会为此丧命呢？有谁又幸存了下来呢？

森林年的最后一个月来临了，这也是一年中最艰难的一个月——忍受残冬月。

所有的林中居民仓库里的存粮，都快要吃完了。所有的飞禽走兽都消瘦了——皮下那层暖和的脂肪已经没有了。长期半饥不饱的生活，大大减弱了它们的体力。

在这个时节，狂风大雪又好像在故意作难，满林子乱刮乱闯，天气越来越冷。冬老人只能再寻欢作乐一个月了，因此它变得更加肆无忌惮，放出最严酷的寒气。这会儿，一切飞禽走兽只有再坚持一下，鼓起最后一点儿力量，才能熬到春天的到来。

我们的森林通讯员巡视了整个森林，有一件事最使他们担心：飞禽走兽能不能熬到天气转暖？

他们在森林里面看见了许多可悲的事。有些林中居民经不住饥饿与寒冷的煎熬，已经送了命。其余的能不能再挺上一个月？不错，也有那种飞禽走兽，你根本用不着为它们担忧：它们是死不了的。

严寒的牺牲者

天冷，再加上刮大风，真叫可怕呢！每逢这样的天气，你都可以在雪地上东一个、西一个，找到冻死的飞禽走兽和昆虫的尸体。

风，把树桩和倒在地上的树干下面的积雪，都扫了出来，可那里面藏着许多小野兽和甲虫、蜘蛛、蜗牛、蚯蚓呢。把盖在它们身上的暖和的雪给揭走了，它们也就冻死在冰冷的寒风里了。

这种狂风甚至能让正在飞行的飞鸟丧命。乌鸦的抵抗力多么强呀，可是往往在长时间的暴风雪之后，也能在雪地上找到它们的尸体。

风雪之后，一些猛禽和猛兽便马上出动开始充当清洁工的角色了，满森林里搜寻：把在暴风雪中冻死的尸体全部作为美餐。

光溜溜的冰地

有时候，在融雪天之后，天气会暴冷，把上面的一层融化的雪一下子冻成冰壳。积雪上的这层冰壳又硬，又滑，又结实，野兽软弱的脚爪刨不开它，鸟儿的尖嘴也啄不破它。鹿的蹄子能够把它踏穿，可是这冰洞周围的棱角锐利得就像刀一样，划破了鹿脚上的毛、皮和肉。

鸟儿怎样才能吃到冰壳下面的食物——细草和谷粒呢？

谁要是没有能力啄破玻璃似的冰壳，谁就得挨饿。

也有这样的事：

在融雪天的时候，地面上的雪变得湿漉漉、蓬松松的。傍晚的时候，一群灰山鹑飞落下来，它们毫不费力地在雪地上给自己刨了几个小洞，洞里热气腾腾、暖暖和和，它们蹲在里面睡着了。

可是，在半夜的时候，天气突然大冷。

灰山鹑睡在暖和的地下洞穴里面，没有醒，它们没觉出冷来。

第二天早晨，灰山鹑睡醒了。雪底下倒是挺暖和，只是有点儿喘不上气来！

得到外面去——去喘口气，伸伸翅膀，找点儿东西吃。

它们打算起飞，可是头顶上竟结了一层冰，很结实的冰，像玻璃盖似的。

整个大地变成了光溜溜的一片冰场。冰壳底下是松软的雪，冰壳上面什么也没有。

灰山鹑用小脑袋朝向冰壳撞呀撞，撞得头破血流——无论怎样，也得冲出这个冰罩子啊！

谁要是能逃出这个死囚牢，哪怕它还得饿着肚子，也该算是幸运的了。

玻璃似的青蛙

我们的森林通讯员，凿破了一个水池的冰，挖开冰下面的淤泥，发现在淤泥里面躺着许多青蛙，它们是钻到那儿去，挤做一团，在那儿过冬的。

把它们从淤泥里拿出来时，它们完全像是玻璃做的。它们的身体变得非常脆，只要轻轻一敲，细细的小腿儿就咔吧一声断了。

我们的森林通讯员带了几只青蛙回家去。他们把冻僵的青蛙放在暖和的屋子里面，小心翼翼地叫它们全身都暖和过来。青蛙一点儿一点儿地苏醒了，开始在地板上跳来跳去。

由此可以想象到，春天的时候，太阳把水池里的冰晒化，把水晒暖的时候，青蛙就会苏醒过来，变得活泼健壮。

阅读理解

运用比喻的修辞手法，将青蛙比喻为玻璃做的，形象地说明了天气寒冷的程度。

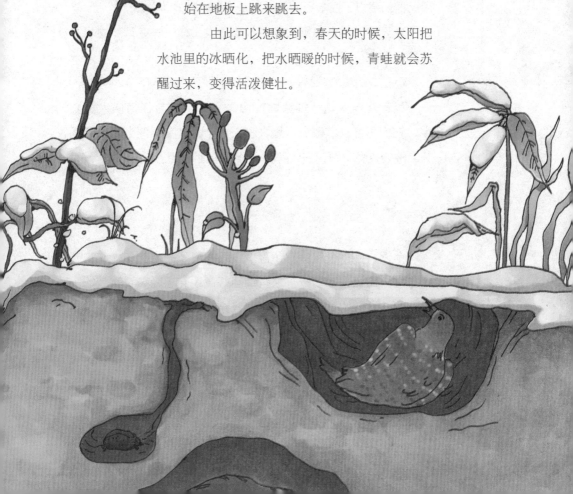

瞌睡虫

在托斯那河沿岸上，离十月铁路的萨勃林诺车站不远的地方，有一个大岩洞。早先的时候，人们在那里挖取沙子，可是如今，许多年来，已经没有人到那个洞里去了。

我们的森林通讯员进了那个洞，发现洞顶上有许多蝙蝠——兔蝠和山蝠。它们在那儿睡觉，已经睡了五个月了，头冲下，脚朝上，用脚牢牢地攀住粗糙不平的洞顶。兔蝠把大耳朵藏在叠起的翅膀下，用翅膀把身体裹得严严的，就像盖被子似的，就那样倒挂着入了梦乡。

蝙蝠睡得这样久，都使我们的森林通讯员变得担心起来了，因此他们便摸了摸蝙蝠的脉搏，量了量它们的体温。

夏天的时候，蝙蝠的体温跟我们人一样——在37℃左右，脉搏是每分钟200次。

现在，蝙蝠的脉搏每分钟只有50次，体温只有5℃。

尽管这样，这些健康的小瞌睡虫，倒没有任何使人担心的事。它们还可以自由自在地再睡上一个月，甚至两个月的时间，等温暖的夜晚一到，它们就会十分健康地苏醒过来。

轻 装

今天，在一个僻静的角落里，我发现了一棵款冬，它正开花呢。它一点儿也不怕冷。这些细茎好像还穿着轻装：鳞状的小叶子，蜘蛛丝似的茸毛。这会儿，我穿大衣还感到冷呢，可是它这样竟不觉得冷！

你一定不相信我的话：周围到处是雪，哪里来的款冬呢？

我不是说了吗——"在一个僻静的角落里"发现了它！告诉你，它在什么地方：是在一座大楼房朝南的墙根底下，而且是在暖气管子通过的那个地方。在那个"僻静的角落"里，雪积不起来，随时融化，土是黑黑的，就像春天似的，冒着热气。

不过，空气可是冰冷的啊！

尼·巴甫洛娃

苦中作乐

只要稍一暖和，从森林里的雪底下面，就会爬出各式各样没有耐性的虫子来：蚯蚓、海蛆、蜘蛛、瓢虫、叶蜂的幼虫。

只要在哪个僻静的角落里，出现一块没有雪的地方——大风往往会把倒在地上的枯木下的积雪，全部刮走——那些大大小小的虫子，就在哪里游园，散步透气。

昆虫要出来活动活动它麻木的腿脚，蜘蛛是出来打食吃的。没有翅膀的小蚊子，光着脚丫在雪地上跑跑跳跳。有翅膀的长脚的舞蚊，在空中打盘旋。只要寒气一袭来，这个游园会就会马上结束，这群大大小小的虫子，又躲的躲，藏的藏。有的钻到枯叶下去，有的钻到枯草、苔藓里去，有的钻到土里去。

从冰窟窿里探出来的脑袋

有一个渔人，在涅瓦河口芬兰湾的冰上走着。当他走过一个冰窟窿时，看到打冰底下探出个脑袋来，油光闪亮的，还有稀稀拉拉的几根硬胡子。渔人以为这是一个从冰窟窿里浮起来的淹死的人的脑袋。可是，突然间这个脑袋朝他转过来了，于是渔人这才看清，这是一个有胡子的野兽的脸，脸皮紧绷绷的，满脸光闪闪的短毛。

两只亮晶晶的眼睛，有一刹那直愣愣地盯着渔人的脸。接着，只听见"泼剌"的一响，兽头就钻到冰底下去不见了。

这个时候，渔人才明白过来，知道自己看到的是海豹。

海豹在冰底下捉鱼，它只把脑袋探到水外一小会儿，为的是喘口气。冬天的时候，渔人们常常可以在芬兰湾上打到海豹，那个时候海豹常从冰窟窿里爬到冰面上来。有时甚至还会有这样的事：有些海豹追捕鱼儿，一直追进涅瓦河。在拉多牙湖里有的是海豹，那里简直是一个真正的海豹渔猎场。

解除武装

林中大汉公驼鹿和小个子狍子，都把它们的犄角给脱落了。

公驼鹿是自己扔下头上的沉重武器的——它们在密林里面，把犄角朝树干上蹭呀蹭的，就把犄角给蹭下来了。

有两只狼，它们看见这么一匹没有了武器的大汉，便决定向它进攻。在它们看来，很容易取胜。

这一场战斗，结束得出乎意料地迅速。驼鹿用它那两只结实的前蹄，击碎了一只狼的脑壳，然后突然转过身来，把另一只狼踢倒在了雪地上。这只狼弄得浑身是伤，好不容易才从敌人的身旁逃走。

最近几天，老公驼鹿和狍子已经生出了新犄角了。不过这还是没有长硬的肉瘤，外面绷着一层皮，皮上是软绵绵的绒毛。

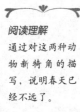

阅读理解
通过对这两种动物新犄角的描写，说明春天已经不远了。

爱洗冷水浴的鸟儿

在波罗的海铁路上的迦特钦站附近，我们的森林通讯员在一条小河的冰窟窿旁，看到一只黑肚皮的小鸟。

一天早晨，天冷得能冻掉人的鼻子。虽然天上的太阳明晃晃的，但是我们的森林通讯员在那天早晨的时候，还是不得不几次三番地捧起雪来，摩擦他那个冻得发白的鼻子。

因此，当他听到黑肚皮小鸟兴高采烈地在冰上面唱歌的时候，感到非常奇怪。

他走到跟前去看的时候，小鸟蹦了个高，然后一个猛子就扎进冰窟窿里面去了。

"投河啦！这下子可要给淹死啦！"森林通讯员心里想。他急急忙忙奔到冰窟窿的旁边，要救起那只发了疯的小鸟。

哪知小鸟正在水里用它的翅膀划水呢，就跟游泳的人用他们的胳膊划水一样。

小鸟的黑脊背在透明的水里忽闪忽闪，像条小银鱼似的。小鸟一个猛子就扎到了河底，用它那尖锐的脚爪抓着沙子，在河底跑了起来。跑到一个地方，它停留了一小会儿，用嘴把一块小石子翻了过来，从石子下拖出一只乌黑的水甲虫。

过了一分钟后，它已经从另外一个冰窟窿里面钻出，跳到冰面上来了。它抖了抖身子，若无其事地又唱起了快乐的歌儿。

我们的森林通讯员，把他的手探进冰窟窿里面去试试，心想："也许这里是温泉，小河里的水是热乎乎的吧？"

可是，他马上把手从冰窟窿里抽出来了：水冰冷冰冷的，刺得他的手生疼。

他这才知道：他面前那只小鸟，是一种水雀子，叫做河乌。

这种鸟，跟交嘴鸟是一样的，也是不用服从自然法则的。它的羽毛上蒙着一层薄薄的脂肪。它钻进水里时，在它那油乎乎的羽毛上，就会出现一层小水泡，银光闪闪的，就好像穿了一件空气做的衣服似的，因此，它就是在冰水里面，也不会觉得冷。

在我们列宁格勒省内，河乌是稀客，只有在冬天的时候，它们才会来。

水晶宫里

现在，我们来想想鱼儿的事情吧！

一整个冬天，鱼儿都在河底深坑里面睡觉，结实的冰屋顶，盖在它们的头上。有时——大多是在冬末时节，在二月里——在池塘和林中湖沼里，它们会感到空气不够用了。那个时候，鱼儿几乎要闷死了，它们心神不宁地张开圆嘴，游到冰屋顶的下面，用它们的嘴唇捕捉冰上的小气泡。

鱼儿也可能被全体闷死。那么，等到春天，冰消雪融，你带了鱼竿到这样的水池边来钓鱼的时候，根本没有什么鱼可钓了。

所以，不要把鱼儿给忘了，在池塘和湖面的上面，凿几个冰窟窿吧！还要注意别叫冰窟窿再冻上，好叫鱼儿能够呼吸空气。

雪底下的生命

在整个漫长的冬天里，你望着被雪覆盖起来的大地，不由自主地会想：在这片寒冷而干燥的汪洋大海的下面，会有些什么东西呢？在这个"海"底，有没有留下什么活的东西呢？

我们的森林通讯员，在森林里、林中空地上和田野里的积雪上，挖了一些大深坑，一直挖到了地面。

在那儿看见的东西，真是出乎我们的意料。原来那里面有许多绿色的小叶簇，还有从枯草根的下面钻出来的、尖尖的小嫩芽和被沉重的积雪压倒在冻土上的各种绿色草茎。它们全部都是活的！你想想看，全部都是活的！

原来生活在死的雪海底下的，有草莓，有蒲公英，有荷兰翘摇，有狗牙根，有酸模，还有其他许多各种各样的植物，全是绿油油的呢！在那翠绿娇嫩的繁缕上，甚至还会有很小的花蕾。

在我们的森林通讯员挖的那些雪坑的四壁上面，出现了一些圆圆的小窟窿。这是被铁锹切断的、小野兽的交通道，那些小野兽会精明强干地在雪海里给自己找东西吃。老鼠和田鼠在雪底下大嚼美味而且富于营养的细植物根；食肉兽鼩鼱、伶鼬、白鼬什

阅读理解

几个问句的连用，问而不答，引发了读者好奇的心理，激发读者的阅读兴趣，想要继续阅读寻找答案。

么的，冬天就在那儿捕捉这些啮齿动物和在雪里过夜的飞禽。

以前，人们觉得只有熊才会在冬天生小熊。人们说，有福气的小孩"从娘胎里带来衣裳"。小熊刚一出世时，非常小——只有大老鼠那么大，可它不仅是从娘胎里带来了衣裳，而且是索性穿着皮大衣生下来的。现在，科学家们研究出来了，有些老鼠和田鼠会在冬天的时候搬家，就好像迁到冬季别墅里面去似的：从它们夏天的地下洞穴，搬到地面上来，在雪底下和灌木下部的枝丫上筑巢。奇怪的是：冬天它们也会生孩子！只有一丁点儿大的小老鼠，刚生下来时，浑身光溜溜的没有毛，但是巢里非常暖和，年轻的老鼠妈妈给它们喂奶吃。

春的预兆

虽然这个月天气仍然很冷，但已经不像在隆冬时节那样了。虽然积雪仍然很深，但已经不像从前那样亮闪闪了。这会儿，积雪的颜色发灰了，失去了光泽，开始出现蜂窝般的小洞。挂在屋檐上的小冰柱还在，只是从小冰柱上开始往下滴水，冰柱下面的小水洼也出现了呢！

太阳出来的时间变得越来越长，阳光越来越温暖。天空也已不是那种一片青白的颜色，天空的蓝色一天比一天加深。天上的云也不是灰蒙蒙的了，它们开始分层，要是你留点儿神看的话，有时候还会发现堆得满满实实的积云飘过呢！一出太阳，窗下就会响起快乐的山雀的歌声。夜晚，猫儿在屋顶上开音乐会、打架。

在森林里，说不定什么时候，会突然传来一阵啄木鸟欢天喜地的擂鼓声。尽管只不过是用嘴来敲树干，可还是有板有眼，像支歌儿呢！

在密林里，云杉和松树的下面，不知是谁在雪地上画了一些神秘的符号，莫名其妙的图案。当猎人看见这些符号和图案时，他的心突然紧缩了一会儿，紧跟着就狂跳起来：要知道，这是林中有胡子的大公鸟——松鸡的痕迹呀，是它那强有力的翅膀上的硬羽毛，在坚实的春季冰壳上划的印迹呀！这样看来，这样看来，松鸡马上要开始交配了，神秘的林中音乐马上就要开始了。

 名家点拨

二月份的天气是一年中最冷的时候。作者的介绍使我们了解到二月份的时候森林里的动物们的生活状况：凄惨。二月份，对许多动物来说就是它们的死亡时刻，但也有些动物还是能够挺过这个艰难的时刻存活下来。

城市新闻

名家导读

二月份的时候，天气是如此的寒冷，可是寒冷过后将会迎来新的春天。在这一年中的最后时刻，城市里的情况又是怎样的呢？在城市里面，发生了哪些新闻呢？人们的生活会因为寒冷而受到影响吗？

在大街上打架

在城里，已经可以感到春天的临近：大街上，常常会有打架的事件发生。

街头上的麻雀，它们一点儿也不理会过往的行人，只管互相乱啄颈毛，把羽毛给啄得四散飞舞。

雌麻雀从来都不会参与打架，但也阻止不住那些打架的家伙。

每天夜里的时候，猫儿都会在屋顶上打架。有时，两只公猫会打得你死我活，把一只公猫打得从大楼的顶上一个跟头翻下来。不过，即使这样，腿脚利落的猫儿也不会被摔死：它跌下去的时候正好四脚着地，顶多在那以后一瘸一拐地跛几天。

修理和新建

城里面到处都在忙着修理房屋，新建住宅。

老乌鸦、老寒鸦、老麻雀、老鸽子，都在张罗着修理它们去年的旧巢。那些今年夏天才出生的年轻的一代，在给自己建筑新巢。建筑材料的需要量都大大地增加了。它们所用的建筑材料是粗粗细细的树枝、稻草、马鬃、绒毛和羽毛。

返回故乡

《森林报》编辑部收到了许多可喜的消息。从埃及、地中海沿岸、伊朗、印度、法国、英国、德国，都寄信来了。信里面说：我们的候鸟已经动身返回故乡了。

它们不慌不忙地飞着，一寸又一寸地掠过从冰雪下解放出来的大地和水面。估计，恰好在我们这儿冰雪开始消融、江河开冻时，它们会飞回我们这儿。

市内交通新闻

在拐角处的一座房子上，有一个记号：一个圆圈，中间有个黑色的三角形，三角形里有两只雪白的鸽子。

这意思就是："当心鸽子！"

汽车司机把汽车开到大街拐角上，拐弯时，小心翼翼地绕过一大群的鸽子，这群鸽子挤在马路当中，有青灰色的，有白色的，有黑色的，有咖啡色的。大人们和孩子们站在人行道上，把米粒和面包屑撒给那些鸽子吃。

"当心鸽子！"这个让汽车注意的牌子，在莫斯科的大街上，最初是女学生托娘·哥尔基娜提出来的。现在，在列宁格勒和其他车水马龙的大城市里，也挂出了这样的牌子。经常可以看到市民们在喂这些鸽子，欣赏这些象征和平的鸟儿。

保护鸟类是一件光荣的事情！

鸟食堂

我和我的同学舒拉，都非常喜欢鸟。冬天住在我们这里的鸟——像山雀和啄木鸟——会常常挨饿。我们非常可怜它们，决定给它们做个食槽。

在我家的附近，有很多树，常有鸟儿落在那些树上找食吃。

我们用三合板做了一些浅浅的木槽，每天早晨的时候都往木槽里撒各种谷粒。现在鸟儿已经习惯了，不再害怕飞到木槽跟前来，很乐意地啄食吃。照我们看来，这对鸟只会有好处。

我们建议：所有的孩子都来做这件事情。

森林通讯员／瓦西里·亚历山大

在雪底下度童年

现在是融雪的天气。我到外面去挖栽花用的泥土，顺便看了看我为鸟儿种的小菜园子。我在那里给金丝雀种了点繁缕。金丝雀很爱吃繁缕娇嫩多汁的绿叶。

你们可能认识繁缕吧，长着小小的淡绿色叶子，开着小得几乎看不清的小花，脆嫩的细茎老是缠在一起。

　　繁缕是紧贴着地面生长的。在菜园里面要是种了繁缕，你一个照看不到，那一畦畦都会密密匝匝地被繁缕长满的。

　　今年秋天的时候，我播下了繁缕的种子，只不过种得太迟了，种子发芽，可是没来得及长成幼苗。它们就在那样的状态下被雪埋了起来——只有一小段细茎和两片子叶。

　　我没有指望它们能够成活。

　　结果怎样呢？它们不但度过了冬天，而且还长大了，发育了。现在它们已经不是幼苗，而成了小小的植物了。有几株还有了花蕾呢！

真是一件奇怪的事情——这是冬天呀，而且还是在雪底下！

尼·巴甫洛娃

新月的初升

今天我有一件特别高兴的事：我起得非常得早，在日出的时候起来的，我看见了新月的初升。

新月大多是在傍晚时分、太阳落山后出现。人们很少在清晨看见它挂在初升的太阳上方。它比太阳起得早，已经高高地升到天空中，像一弯珍珠色的细镰刀，悬在金黄色的朝霞上，闪闪放光——那么亲切，喜气洋洋，我从来没有见过它那种样子。

迷人的小白桦

昨天晚上，下了一场暖洋洋、湿乎乎的雪，把园中阶前我心爱的一棵白桦的树干和所有的秃枝都染成了白色的了。快到早晨时，天又突然转冷。

太阳升到明净的天空中。我一看，我的白桦变得非常迷人，像棵魔树似的：它挺立在那儿，上上下下，从树干到顶细的小树枝，都好像涂上了一层白釉，原来是湿雪冻成了一层薄冰。我的小白桦从头到脚银光闪闪。

这时，飞来了几只长尾巴的山雀。它们长着厚厚的、蓬松的羽毛，就好像一团团小白绒球，当中插着几根织针似的。它们落在小白桦上，在树枝上转来转去——它们在找，看有没有什么东西可以当早点吃。

小脚爪在打滑，小嘴也啄不透冰壳。白桦树像玻璃树似的，发出细细的、冷冷的叮当声。

山雀唧唧喳喳、抱怨连天地飞走了。

太阳越升越高，天气越来越暖，终于把冰壳晒化了。

从小白桦所有的树枝、树干上，流下了一股股的冰水，它变得像个冰冻的喷泉。

开始滴水了。水珠闪烁着，变幻着颜色，就像是一条条小银蛇似的，顺着树枝蜿蜒而下。

山雀又飞回来了。它们落在了树枝上，一点也不怕沾湿小脚爪。它们高兴极了：小脚爪不再打滑了，这棵解了冻的白桦请它们吃了一顿可口的早餐。

森林通讯员／维里卡

最早的歌声

在天气很冷但是阳光灿烂的一天，城里的花园里面，响起了最早的春天的歌声。

是苇雀在唱。它的歌喉没有什么花腔，仅仅是：

"晴——几——回儿！晴——几——回儿！"

仅仅是这么简单的调子。但是这歌声听起来是那么欢快，就好像这种金色胸脯的小鸟，想用鸟语告诉人家：

"脱掉大衣！脱掉大衣！春天到了！"

阅读理解
用小鸟的歌声告诉所有的生命：春天来了。

绿棒接力赛跑

自1947年创办了一年一度的全国优秀少年园艺家选拔赛，这就好像是一场长距离的接力赛跑，少先队员们从1947年的春姑娘手里，接过美妙的绿色接力棒出发赛跑，把它交到1948年的春姑娘的手里。从1947年春天到1948年春天的这段路程，对500万个少年园艺家说来，可不是容易走的，但是，他们总算保护好了前人所种的一切，而且在珍爱地培育每一棵树，以后将年年如此。

每跑完一场绿棒接力赛之后，都会召开少年园艺家大会。

去年的时候，参加绿棒接力赛的，有好几百万少先队员和小学生。他们栽了好几百万棵果树和浆果灌木，造了几百公顷的森林、公园和林荫路。今年参加竞赛的人，一定会更多。

竞赛的条件还是和去年一样，可是要做的事情却比去年多得多，今年在所有的学校里，都得开辟一个果木苗圃，这可以促成明年造更多的果园。

需要绿化道路，让公路成为美丽的绿色林荫路。

需要用乔木和灌木巩固峡谷中的泥土，保护我们的沃土。为了实现这一切，就得好好地向有经验的老园艺家们学习。

 名家点拨

作者在本文向我们介绍了一年中的最后时刻，城市里发生的一些事情。从中我们也可以看出，在一年中的最后时刻，冬天就要过去，春天就要来临，处处都洋溢着春的气息。

狩 猎

名家导读 ✳ 🌸

在一年中的最后时刻，天气寒冷，动物们都在忍受着寒冬的煎熬，期望着熬过这段时间迎来新的春天。可是，威胁它们的不仅仅是环境，猎人们也在想着怎样来获取他们的猎物。那么，猎人们除了用枪以外，还有哪些方法可以捉到更多的野兽呢？

巧妙的圈套

要说实在的，猎人们用枪打到的野兽，还比不上用各种巧妙的圈套捉到的野兽多。要足智多谋，还得确切地知道野兽的脾气和习性，才能想出捉野兽的好圈套。不但要会设陷阱、做捕兽器，还得把陷阱和捕兽器都布置得当，地方安排适宜。一个笨头笨脑的猎人，尽管设陷阱，安捕兽器，那里面总是空空的；一个经验丰富的猎人的陷阱和捕兽器，总会打到野兽。

如果是钢制的捕兽器，是用不着设计创制的，只要去买就成了。可是要学会安置它，可就不是那么简单了。

首先，得知道把它摆在哪里。要把捕兽器摆在兽洞旁边、野兽来往的小径上、有许多野兽脚印会聚和交叉的地方。

其次，要知道怎样准备和安置捕兽器。要是想捉非常机警的野兽——像黑貂、猞猁什么的——就得先把捕兽器放在松柏叶的汁液里煮过，然后再用小木锹铲下一层积雪，戴着手套把捕兽器摆放好，再把铲下的雪填在上头，然后用小木锹把雪弄平。如果不这样倍加小心，鼻子灵敏的野兽就会闻出人的气味或钢铁的气味，甚至隔着一层雪也没有用。

要是用捕兽器去捉身强力壮的野兽，那就得把捕兽器拴在大树墩上，免得野兽把它拖得老远。

要是往捕兽器里放诱饵，那就得知道，哪一种野兽爱吃哪一种食物。有的该给它放上老鼠，有的该给它放上肉，有的该给它放上干鱼。

活捉小野兽

猎人们想出了许多捉小野兽（白鼬、伶鼬、鸡貂、水貂等）的巧妙捕兽笼。其实这些玩意儿的装置都挺简单，每一个人都会制作。

制作捕兽笼的原则只有一个：进得去，出不来。

你拿一个不大的长木箱或者是一个木筒，在一头开个入口，入口上端拴一扇用粗金属丝做的小门儿，不过小门儿得比入口稍长一些。这扇小门儿斜着立在入口上，下边儿往木箱（或木筒）里斜，这样就做成了。

诱饵放在木箱（或木筒）的里面。当小野兽闻到诱饵的香味儿，而且从金属丝小门儿里看见了诱饵，它就会用头顶开小门儿，爬进去了。小门儿跟在它后面就会给自动关上了。这小门儿从里面是顶不开的，因此这只捕到的小野兽，也就只好蹲在里面，等着你去捉它了。

在这种木箱里面，也可以装一块活落板，把诱饵挂在木箱堵死的那一头的顶板上。入口要开得窄一点儿，入口里的上边装一个活闩。

小野兽从这块活落板上面爬进去，经过板中心时（在板中

阅读理解

鸡貂是一种害羞的动物，它们经常在夜间活动，人们很少能够见到它们。嗅觉是鸡貂非常重要的交流工具。鸡貂的嗅腺还能用来防身，当它们受到外来危险的时候，就会从体内排出一种奇臭难闻的气体。

心，板底下装着一个横轴，因此这块板可以活动转侧），它身子底下这一半的板就会往下侧落，靠近入口那一半的板却向上翘起，板的上边儿滑过活闩，把这个捕兽箱的入口给严严地堵死。

还有一个更简单的方法：用一只高一点儿的小琵琶桶或是大一点的琵琶桶，把桶顶打开，在桶的半中腰里钻上两个小洞，穿上一根长铁轴。把露在外面的铁轴的两头，架在两根立在地上的小柱子上（要预先在这两根小柱子当中，挖个坑，坑的深度要等于半个桶的高度）。

铁轴的两头架好之后，把琵琶桶安放得两边平衡，要使它的前半截（开口的那头）的桶边，搁在坑沿儿上，后半截（有桶底的那头），吊空在坑的上面。

诱饵要放得贴近桶底。

小野兽爬进桶的时候，刚爬过桶的半中腰，桶就翻了过去，桶底朝下。琵琶桶的四壁滑溜溜，小野兽掉进桶底，就怎么也爬不上来了。

冬天冻冰时，可以干脆做个冰阱，这是乌拉尔的猎人们想出的办法，做法非常简单。

阅读理解
乌拉尔指俄罗斯乌拉尔山脉中、南段及其附近一带地区。

把一大桶的水放在露天里，桶面上、桶壁上和桶底的水，比当中的水冻得快。等冰冻得有两个手指头那么厚时，在冰的上面凿个小洞，洞的大小要让白鼬能钻得进去。把桶里没冻冰的水，都从这小洞里倒出去，把桶搬回屋里。在暖和的屋子里，桶壁和桶底很快就暖了，贴近桶壁和桶底的水也就化了。那个时候，不费什么力气，就可以从铁桶里倒出个冰桶来，这只冰桶上上下下堵得严严的，只在顶上有个小洞。这就是冰阱。

往冰洞里扔一些干草、麦秸什么的，再捉一只活老鼠放进去。找一处白鼬或伶鼬的脚印多的地方，把这个冰阱埋在雪里，使冰阱顶跟积雪一般齐。

小野兽一闻到老鼠的气味，就会马上钻进冰阱顶上的那个小

洞里去。它只要一钻进去，就休想再出来了——滑溜溜的冰壁，爬是爬不上来，啃也啃不透。

把冰阱打碎，就可以把小野兽取出来了——反正做这种冰阱也不需要花什么钱，想做多少个就可以做多少个。

狼 阱

猎人们可以设狼阱捉狼。

在狼出没的小径上，挖一个长圆形的深坑，坑壁必须是陡峭的。坑的大小，要能装下一只狼，可又使它没法跳出来。在坑的上面铺上细树条，细树条上撒点细枝、苔藓、稻草，再盖上雪。这样，就不会露出一点儿陷阱的痕迹，看不出那个坑在哪儿。

夜里的时候，狼群打小径上走过。头里的一只狼，走着，走着，就会掉在陷阱里了。

在第二天早上的时候，猎人就可以把它活捉。

狼 圈

猎人们还有设"狼圈"捉狼的。他们在地里打下许多的木桩，一根紧挨一根，连成一圈。这一圈木桩外，再打下一圈木桩。在里圈和外圈之间，是一条窄窄的夹道，宽窄让一只狼恰好能够挤得过去。

在外圈安上一扇只能向里开的门。在里圈里放一只小猪或一只羊。

狼闻到家畜的气味，就会一只跟着一只走进外圈，在两圈木桩间的窄夹道里团团转了起来。在绕了一整圈后，头里的一只狼来到往里开的那扇门前。现在那扇门妨碍它再往前走，而向后转它又办不到，因此它只好用头顶门。门被它一顶，就会关上，于是所有的狼都给圈住了！

就这样，它们就围着里圈内的家畜，没完没了地兜圈子，直到猎人来捉它们。家畜没伤到一根毫毛，狼倒把命给送了。

地上的机关

冬天的时候，地冻得就像石头般硬，不容易挖深坑。因此，冬天人们捉狼，不会设简单的狼阱，而设地上的机关。这种地上机关的做法是：在一块地的四角上，立上四根柱子，用木桩打一圈栅栏，把这块地围起来。在这块地的中央，再立上一根柱子。这根柱子比栅栏高，柱子上系一块肉做诱饵。

把一块长木板斜倚在栅栏上。

木板的一头着地，另一头吊空，靠近诱饵。

狼闻到肉的气味时，就会顺着木板往上爬。狼的身子重，把木板吊空的一头压得往下落的时候，站不住脚，一个倒栽葱跌在圈里。

阅读理解
运用比喻的修辞手法，将地比喻为石头，说明地硬的程度。

熊洞旁又出了事儿

塞索伊奇穿起他的滑雪板，在生满苔藓的沼泽地上滑着。这时正是二月底的时候，地上由高处吹来的积雪非常厚。

在这片沼泽地的上面，是一片片丛林。塞索伊奇的北极犬小霞，跑进一片丛林，钻到树木后就不见了。突然，传来了它的叫声，叫声是那么凶猛，那么狂暴。塞索伊奇马上就听出来：小霞遇到了熊。

在小个子猎人的身边，恰好带着一管靠得住的五响来福枪，所以他心里挺高兴，急忙朝狗叫的方向赶过去。

地下有一大堆倒着的枯木，上面盖着厚厚的积雪。小霞就对着这堆东西咆哮。塞索伊奇挑了个合适的位置，卸掉了滑雪板，把脚底下的积雪踩结实了，准备开枪。

过了没多久，从雪底下探出个宽额头的黑脑袋，两只小眼睛闪烁着暗绿色的光——用猎人的话来说：熊在打招呼呢！

阅读理解
可以看出他是一个很有经验的猎人，凭着北极犬的叫声就能做出正确的判断。

塞索伊奇知道，熊瞅敌人一眼，之后就会躲起来。它会整个儿缩进洞里去，然后突然往外蹿。因此，猎人要在熊把它的头缩回去以前，就得赶紧开枪。

但是，因为瞄准时太匆忙，瞄得不够准。事后才知道，那一粒子弹只擦破了熊的脸颊。

那畜生跳出来，就直扑向塞索伊奇。

幸亏第二枪差不多击中了它的要害，就地把那只熊给打倒了。

小霞便冲过去咬熊的尸体。

当熊扑过来时，塞索伊奇倒没顾得害怕。可是，等危险一过，不知怎的，这个结实的小个子却马上觉得浑身发软，两眼发花，耳朵里嗡嗡直响。他深深地吸了一口冰冷的空气，好像他在苦思着什么，想得迷迷糊糊，这会儿才清醒过来了似的。现在，他才意识到刚才那一幕实在是可怕。

任何人，甚至一个非常勇敢的人，当面对面碰上个硕大的野兽，等惊

险过后，都会有这样的感觉。

突然间，小霞从熊的尸体旁跳开，汪汪地叫着，又向那堆枯木扑了过去——这会儿是从另一个方向往那里扑。

塞索伊奇一看，不由得愣住了：从那里又探出了第二个熊脑袋。

小个子猎人马上把心神镇定下来，迅速瞄准，不过这回可留神了。

只一枪，他就把那畜生结果在了那堆枯木旁。

但是，几乎就在同一刹那，从第一只熊跳出的那个黑洞里面，伸出了第三个宽额头的棕红色熊脑袋，接着，又伸出了第四个。

塞索伊奇慌了神儿，他真吓了一大跳。看来好像这片树林里的熊，全都聚集在这堆枯木的下面，这会儿一齐爬出来向他进攻了。

他顾不得瞄准，就连放两枪，然后把空枪扔在了雪里。在匆忙之中，他看清楚了，在第一枪发出之后，那个棕红色的熊脑袋就不见了；第二枪他也没有虚发，只不过，打中的是小霞，那当口恰好它不当心跑了过去，误中了子弹，倒在了雪里。

这时，塞索伊奇的两腿发软，不由自主向前迈了三四步，绊在被他打中的第一只熊的尸体上，摔在那上面，失去了知觉。

也不知道他这样躺了多长时间。总之，他清醒的时候情况是很可怕的：有什么东西在钳他的鼻子，钳得很疼。他抬起手，想捂住鼻子，他的手却碰到一件活的东西，热乎乎、毛茸茸的。他睁开眼睛，只见一对暗绿色的熊眼睛正盯着他望呢。

塞索伊奇失声大叫起来，一个挣扎，才把鼻子从那张野兽的嘴巴里挣脱出来。

他跌跌撞撞跳起身，拔脚就跑，可是他刚迈了几步，就立刻又陷在了雪里，雪齐到了他的腰部。

他好不容易回到了家里。回家想了想，才明白过来：刚才咬他鼻子的，是一只小熊崽子。

过了好久，塞索伊奇的惊魂才定下来，好好回忆了一下这场有惊无险的猎熊过程，总算搞清楚了他遇到的是一件什么样的事。

原来他开头两枪，打死的是一只熊妈妈。接着，从枯木堆另一头跳出来的，是一只3岁大的熊儿子——熊大哥。

这种年轻的熊大都是熊小伙子，不是熊姑娘。夏天的时候，它帮助熊妈妈照料熊弟弟、熊妹妹；冬天的时候，它就睡在它们的近旁。

在那一大堆给风刮倒的树下面，有两个熊洞。一个洞里睡着熊大哥；在另一个洞里，是熊妈妈和它的两个一岁大的小熊娃娃。

惊惶失措的猎人，竟把熊大哥当做了大熊。

跟着熊大哥从枯木堆里爬出来的，是两个一岁的熊娃娃。

它们都还小呢，只不过跟12岁的小人儿一样重，可是，它们已经长得头大额宽，难怪猎人在惊慌中，把它们的头也当做大熊的头了。

在猎人昏昏迷迷躺在那里时，这个熊家庭中唯一留下性命的熊娃娃，来到了熊妈妈的身边。它把头向死母熊的怀里探去，想吃奶，却碰到了塞索伊奇热乎乎的鼻子，以为塞索伊奇的不太大的鼻子就是妈妈的奶头，于是就衔住咂起来了。

塞索伊奇把小霞就地埋葬在那片树林里面，顺便把那只熊娃娃逮住，带回了家。那只熊娃娃是个又可笑、又可爱的小家伙，而猎人在失去小霞后，也正感到孤单寂寞。后来熊娃娃十分亲热地依恋着这个小个子猎人。

本报特约通讯员

名家点拨

在本文中，作者给我们介绍了许多利用各种巧妙的圈套捉野兽的方法。从中可以看出，设置圈套在打猎中起着不可忽视的重要作用。此外，我们也了解到，打猎在许多时候也是一件十分危险的事情。

打靶场

射箭要射中靶子！
答案要对准题目！

第12次竞赛

1. 哪一种小兽倒栽葱睡一冬？

2. 刺猬怎样过冬？

3. 灰鼠冬天不吃什么？

4. 哪一种鸟一年四季都孵小鸟，甚至在冰天雪地中也不例外？

5. 冬天，当所有的昆虫都冬眠的时候，山雀是对人有害的，还是有益的？

6. 冬天，獾对人有益，还是有害？

7. 哪一种鸣禽钻到冰底下的水里去打食？

8. 做椋鸟巢的时候，为什么要在巢里面入口底下钉个小小的三角架？

9. 哪一种生物的骨骼露在外面？

10. 雏鸡在蛋壳里呼吸吗？

11. 如果把青蛙从雪底下挖出来，拿到火旁烤烤，它会怎样？

12. 麻雀的体温什么时候比较低——冬天还是夏天？

13. 海豹钻到冰底下去后，靠什么呼吸？

14. 什么地方的雪先开始融化——森林里的，还是城市里的？为什么？

15. 哪一种鸟儿来时，我们就认为是春天开始啦？

16. 新砌的一道墙，墙上开个圆窗。白天打碎的玻璃，夜里就能装上。（谜语）

17. 夏天，肚子吃得圆溜溜；冬天，饿得真难受。（谜语）

18. 一件东西真奇怪，在屋外不冻冰，在屋里倒冻冰。（谜语）

19. 一匹白布，亮光闪闪。抖开要多长有多长，经过窗口，铺在地上。（谜语）

20. 说山高，它比山还高；说光亮，它比光还要亮。（谜语）

21. 说它在屋里响，也不是在屋里响；说它在屋外响，也不是在屋外响；说它像小鸟叫，可又不是鸟叫。（谜语）

22. 一件东西，没心没肺没头脑。野兽有心有肺却不如它灵巧；野兽有头脑，却不如它智慧高。（谜语）

23. 森林里，一样荤菜满地跑，身穿一件白皮袄。（谜语）

24. 春天叫人愉快，夏天叫人凉快，秋天叫人吃个痛快，冬天叫人暖和过来。（谜语）

最后一封电报

城里出现了候鸟的先锋队——秃鼻乌鸦。冬季结束了。森林里在迎新年。现在,请把《森林报》再从头读起。

打靶场答案

核对你的答案是不是打中了目标

第10次竞赛

1. 从12月22日起。这是一年中白昼最短的一天。

2. 猫的脚印没有爪印,因为猫把爪子缩起来走路。

3. 水獭和水貂,因为这两种野兽吃鱼。

4．不生长，它们的生活机能暂时停止。

5．因为刚下过雪之后，雪上的脚印都是新的，随便你顺着哪一行脚印走去，都可以找到野兽。

6．黑琴鸡、山鹑和榛鸡。

7．在田野里穿白衣裳——为的是跟雪的颜色一样；在森林里穿灰衣裳，因为在冬天也有绿叶的森林里，白色或其他颜色都比灰颜色显眼。

8．因为兔子跑的时候，把两条长长的后腿向前伸出。

9．不做巢，不孵小鸟。

10．黑琴鸡的。

11．勾嘴鹬，因为它把嘴深深地插到泥土里去找食吃。

12．麝鼹，因为它会散发出冲鼻的麝香气味。肉食兽的嗅觉灵敏，受不了这种气味。

13．熊的脚印。

14．枪弹打穿了它的身子，因此脚印的两旁有两趟血迹。

15．大风雪。

16．狼。

17. 风。

18. 严寒。

19. 寒风把河水冻成了冰，冰上可以走人，也可以跑车。

20. 冰。

21. 黑麦、燕麦、小麦。

22. 腌蘑菇。

第11次竞赛

1. 小野兽。体积越大，身体内生出的热量也越大。从另一方面说，身体表面积越大，发散到身体周围空气里去的热量也越多。大野兽的体积大，身体表面积也大，可大野兽身体内生出的热量要比散发的热量多得多。小野兽正相反。

2. 肥熊。睡着了的熊就靠脂肪来供给营养和保温。

3. 狼不像猫科动物那样，埋伏着等待要猎取的东西，而是要靠它那四条快腿，追捕要猎取的东西。

4. 冬天，树木暂时停止生命机能，不再吸收水分，所以冬天砍的木柴比较干，也比较值钱。

5. 因为猫科动物总是先埋伏在一旁，然后出其不意地跳出来捉住要猎取的动物。它们必须非常爱清洁，不让自己身上散发出什么气味，要不然，它们所要猎取的动物，隔得老远就能闻到它们的气味，不敢走近它们的埋伏地点了。

6. 因为冬天在人的住宅附近，它们比较容易找到食物。

7. 并非都是这样。一部分秃鼻乌鸦留在我们这儿过冬。冬天，在污水坑旁、垃圾堆边、丛林里或是乌鸦栖宿的地方，通常可以看到一只或几只秃鼻乌鸦夹杂在乌鸦群中。

8. 什么东西也不吃，冬天它睡觉。

9. 那些从洞里被赶出来的熊，它们在冬天根本不睡觉。

10. 冬天，蝙蝠睡在树洞里、岩洞里、顶楼和房檐下。

11. 只有雪兔冬天变白，欧兔冬天还是灰色的。

12. 猛禽。

13. 交嘴鸟吃针叶树的种子过活，它全身被松脂浸透，松脂可以使肉体防腐。

14. 盖着雪的树墩儿。

15. 雪花。

16. 冬天，小屋子一开门，就有一股冷气从外面冲进屋里，一团团地打转。

17. 熊和獾等冬眠的野兽。

18. 缝毡靴：用猪鬃引麻线，穿过牛皮做的靴底，缝上羊毛毡做的靴帮。

19. 猎人带着猎狗去猎熊。要不是有猎狗，猎人就会被熊给咬死。

20. 胡萝卜、红萝卜。

21. 白菜。

22. 洋白菜。

23. 大圆萝卜。

第12次竞赛

1. 蝙蝠。

2. 冬眠。秋天就钻到用枯叶和草做的巢里去。

3. 不吃肉。（参看森林报第三期）

4. 交嘴鸟。因为交嘴鸟喂雏鸟吃的是松树和云杉的种子。

5. 有益的。冬天，山雀到处寻找那些躲在树皮裂缝和小洞里的昆虫和它们的卵和蛹来吃，这样可以吃掉不少害虫。

6. 无益也无害，因为獾是冬眠的。

7. 河乌。

8. 为了不让猫脚掌掏到巢里。

9. 许多种昆虫、虾蟹和其他节肢动物。它们的骨骼是一种质地很硬的东西，叫做"甲壳质"。

10. 它通过蛋壳上的气孔呼吸。如果在蛋壳上涂一层油漆或是厚厚地涂上一层胶水，那么空气透不进去，雏鸡也就闷死了。

11. 由于温度的骤然改变，青蛙会死去。

12. 冬夏一样。

13. 海豹在水里不呼吸。它通过在冰面上给自己弄穿几个窟窿来透气。

14. 城里的雪化得早，因为城里的积雪脏一些。

15. 秃鼻乌鸦飞来的时候。

16. 冰面上的窟窿，一到夜里，冰窟窿里的水又冻上了。

17. 狼。

18. 玻璃窗，只有屋内的一面结冰。

19. 从窗口射进来的太阳光。

20. 太阳。

21. 通大街的房门，一开一关，就咿呀地响，像鸟叫似的。

22. 捕兽器。

23. 兔子。

24. 森林。

"神眼"称号竞赛
答案及解释

第9次测验

图1. 是喜鹊留在雪地上的脚印。它在雪地上跳跳蹦蹦，跳了一会儿，留下了趾印，后来翅膀在地上一扑，尾巴在雪地上一扫，就飞走了。

图2. 这两种脚印很容易辨别：雪兔的脚印是圆的，欧兔的脚印是窄长的。

图3. 雪兔的，它在这里进过餐，差不多把一丛小柳树啃光了；周围雪地上，是它的脚印，像榛子似的。